U0305521

零基础
打造家庭花园

品种指南×景观设计×维护方法×家庭菜园
助你开创属于自己的绿色天地

［西班牙］塞西莉亚·伯纳德　米娜·费雷亚 著　段志灵 译

北京联合出版公司
Beijing United Publishing Co.,Ltd.

目 录 Contents

2/
城市花园

3
城市菜园

4
植物繁殖

如何防治
病虫害
5

植物装饰
6

如何享用菜园的果实
7

HONOR

引　言

有花草植物的家是富有生命力的，与花草植物相伴更是一种审美体验。每个人都有在家中添置花花草草的原因，且总是因人而异。

很多时候，植物作为礼物或者和密友交换的园艺作品走入我们的生活，又或者我们会偶然惊喜地发现那株令自己想起心爱之人的那株“植物”，还有一些则是因为它们符合时下潮流所以被我们养在家中。在很大程度上，我们希望能在家中重现那个伴随我们成长的花园，再现它们给予我们的那种家园般的感觉。在我们学习园艺的过程中，牺牲了不少花花草草，不过也有一些侥幸存活的，我们就这样几乎凭直觉，通过反复尝试来学习。我们购买书籍、寻求建议、参加园艺培训，发现生活已经不能没有花草的相伴了。

摆弄花草是如今最美好、最原始，也是最悠闲的活动之一。尽管对某些人来说，这可能是枯燥乏味的——他们认为这些花花草草不会与我们交流——可许多人都知道，被花草环绕的生活是多么富有生气！看着它们一步步地成长和繁殖是一种享受，是一种让人充实、让我们与大自然亲密接触的体验。

花草以其独特的语言我们给教诲，向我们索取光照或阴凉，向我们透露它们的需求，告诉我们如何在恶劣的环境下生存并摆脱黑暗。

摆弄花草是一项需要我们每天都尽心的细活，主要是去感知花草的需求。作为新手，我们的任务是观察和认识花草，关注和陪伴它们成长。我们确信，人人都能做到这一点。在这方面有一双“巧手”，这不是出于天资，而是出于我们对这些植物的了解和热爱。

如果我们注重从观察和所犯的错误中学习，就会发现花草的密语帮助它们茁壮地成长，这本图册就像是一份邀我们着手摆弄花草的请柬。播种、栽种、培育和收获将我们与最古老的植株联系起来。为种子的出芽而惊奇，为花朵的自然之美所折服，或为一株小小的植株抽出的新芽而欢欣鼓舞，都是我们想要分享的喜悦。

我们希望这本书可以帮助大家识别和了解各种植株：想让它们长得更好，要用什么样的土壤？要浇多少水？适合怎样的光照？如何照料和繁殖这些植株？你可以带上这本书，到苗圃去挑选最适宜自己花园的植株，让它启发你构筑自己的园艺角，让它鼓励你开辟和享受你的菜园，用你的园中所得准备自己喜爱的美酒，这何乐而不为呢？

我们希望这本书能帮你创建和开发你的绿色空间，即便这个空间很小，这种与自然的联系都能让你每天从园艺中获得乐趣。

www.musgo.net
@soymusgo
info@musgo.net | www.musgo.net
musgo
NOTEBOOK
Inspiración botánica
COMPAÑÍA
BOTÁNICA
Miscellany
Zoology

如何阅读这本书

花草等植物要靠水才能生长，但我们总是认为花草的凋零、死亡和存活，是由于浇的水过多或过少造成的；其实，适当的基质和充足的光照也同样重要。只有同时满足水、光照和土壤适宜这三个条件，我们的花草才能生长、开花和繁殖。本书第一章将介绍所有有关基质、材料的类型以及最值得推荐的容器。另外，我们还将帮助你让自己的园艺基础工具包更完善。

每种植物都需要特定的照料，这本书将如你的园丁朋友一样为你答疑解惑：你可以带着疑问，学习如何在苗圃中明智地选株，学习如何解读你房屋的空间，确定你适合养什么植物。

第二章是一份详细的指南，为你解答所有相关的疑问，如室内和室外植物、光照、半阴和全阴环境、仙人掌、多肉植物、水生植物及其具体的照料方式等。

在第三章中，你将学习到如何开辟自己的菜园，了解如何在你极为有限的狭小空间内种植自己的蔬菜苗。

第四章将教你对自己喜爱的植物进行嫁接和繁殖。

第五章将讲解如何预防、护理以及通过有机方法治愈病虫害。

第六章中逐一介绍的项目，将会教你亲自着手种植，直接与大自然“接触”，制造具有生命力的物品。

第七章则将教你如何在工作之余放松身心，运用你菜园里的香草制作美酒和佳肴，以及在自己家里准备一桌盛筵。

我们希望这本书能成为你与花草相伴生活的盟友，希望你充分享受与大自然的亲密接触，欣赏和复制自然，且通过自然进行创造。

1 必需品

园艺基本工具包

用于园艺的基本工具虽不多但也不难获得。在开始进行种植之前，先问自己要做什么：需要翻土加点肥料，还是要进行移栽？要剪去枯叶，还是整一下枝？

这一问题的答案将引导你应选择所需的工具。你可以在苗圃中的小店或五金店买到这些工具，可以从这三种必备品入手：手套、剪刀和喷壶。这些不是“最”重要的工具——因为所有的工具都很重要——它们能解决日常护理的问题，让你免受更多的烦扰。如果你手头什么都没有，迄今为止只是用随手找来的东西（如从厨房里弄来的棍棒、刀叉、筷子、勺子，小朋友们上学用的剪刀等）来整理花园，那么，是时候做一点小小的投资，购买一些工具，让自己舒舒服服地干活了。这样，你就会有更多的收获：不仅能保护你的花草免受损伤，以防修剪不当，还能保护你的双手。你可以一点点地储存你的园艺工具，最后，你还会收集各种尺寸的花盆、肥料、杀虫剂（最好是天然的）、标记植株种类的标签、绑扎线、喷雾器等，还有各种基质和添加剂，如珍珠岩、蛭石或堆肥等。

花园的卫生问题也至关重要。要做好这一点，必须随时保持工具的清洁，要经常佩戴手套，在各项操作间洗手。在本章中，还将有一节专门讲解如何浇水，你将对所需要的喷壶类型有更全面的了解。

起苗器是一种很有用的工具，特别是对于想要开辟或打理菜园的你来说。它能帮你从根部去除杂草，阻止其继续生长。

手套对双手来说至关重要，可以在使用剪刀或起苗器时防止手被割伤，或免受树枝或植物棘刺的伤害。另外，土壤中有昆虫和大量的细菌等微生物，手或手指上的伤口很可能成为它们入侵人体的通道，进而引发感染。若不想使用手套，请务必在完成作业后洗净双手。

如若进行种植，你需要用小手铲，这种铲子往往宽度不一。如果你有一小块土地或花园，甚至是一块较宽的露台，则可能需要大一点的铲子，事实上，小手铲就可以引导你入门。

小手耙在菜园里非常实用。在很多情况下，市面出售的园艺工具组合包都包含铲子、耙子和起苗器。这些都是基础的工具，每次动手时都能协助我们进行作业。

备好专门用于病株的一把剪刀。很多时候，是我们自己在不知不觉中将病害从一株植物传给另一株的：我们剪去患有病害的部位，又用同一把剪刀修剪嫁接到其他植株上的花朵或插枝，可如此却传播了我们自己本想要控制的病害。

作为一种不可或缺的必需品，剪刀有多种类型和尺寸。我们建议你买常用的中等尺寸，就是我们用于裁纸的那种剪刀的尺寸。这种剪刀可以让你剪插枝进行嫁接、剪去病叶，也能从菜园中收获蔬菜或香草。你也可以买把剪枝钳——在大一点儿的专业苗圃或大型购物中心都能买到，你可以用其修理出极好的灌木或小树。

喷壶是任何花园的主角，它具有不同的形状和尺寸。如果你家有花园，最起码要有一把喷壶。这种情况应选大一些的喷壶，花洒洒水要均匀，以免水流将种子冲出来或损坏蔬菜的叶子。给树木、灌木和室内植物浇水适合使用长颈喷壶，以使水流充沛，且不会浸湿叶子。给仙人掌和小型的多肉植物浇水，或者为植物进行嫁接，我们建议你使用可以良好控制水流的小喷壶。当然，你也可以用塑料瓶或小罐子替代。若你要用软管给阳台、庭院或露台的植物浇水，请添加相应的配件，使用适宜的方式。在任何情况下，都要尽量避免在浇水时淋湿叶子。

使用喷雾器，你可以在有需要的植物叶子上喷洒药物或药剂，也可用于喷洒附生植物（不需要基质的植物），以及蕨类植物、各种仙人掌和第二章中有详细介绍的一些室内植物的叶子。

注意！切勿使用喷雾器弄湿仙人掌或多肉植物的叶子和茎，因为对这种类型的植物而言，水分容易造成腐烂，滋生真菌。

备有尺寸和材质不同的花盆是一个不错的主意，如果你的花盆太大了，你可能需要更换，其中一些也可以用于移栽换盆。备上少量花盆很有用，可以利用好某个阳光晴好的早晨移栽而不是浪费时间总去购买它们。

在家中辟出一角存放我们的工具，不仅实用，而且能成为一种让我们与自然不断亲近的方式。在许多冬季较寒冷的国家，很多人都会辟出室内的一角进行园艺活动。拥有这样的空间不是很好吗？这里有一张桌子，一些抽屉——用来收纳花盆、工具、不同的种子、剪刀和正在生长的苔藓等，还有我们用来学习和激发灵感的园艺书籍。

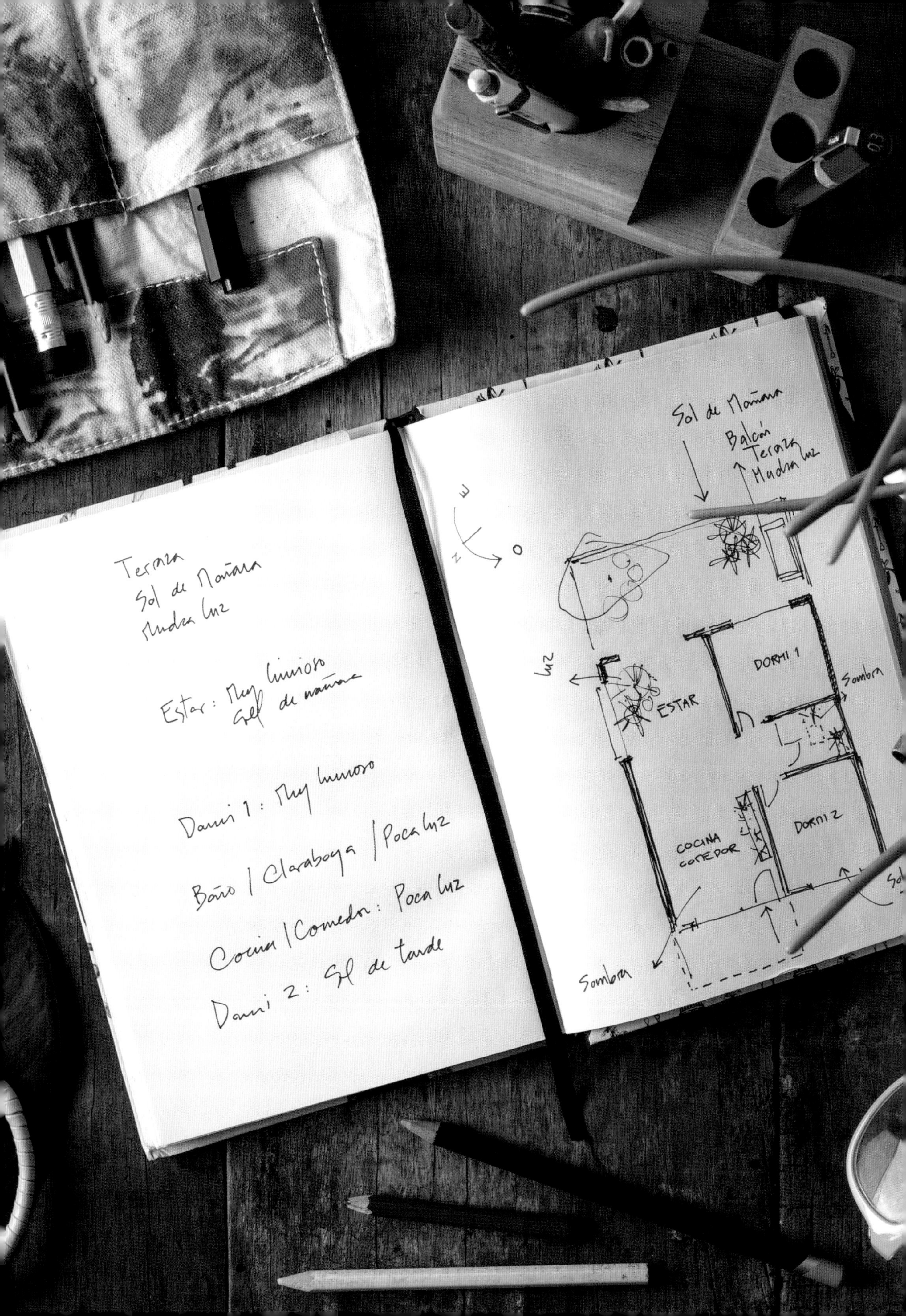
Terraza
Sol de Mañana
Mucha luz
Estar: Muy luminoso
Sol de mañana
Dormi 1: Muy luminoso
Baño | Claraboya | Poca luz
Cocina | Comedor: Poca luz
Dormi 2: Sol de tarde
Sol de Mañana
Balcón
Terraza
Mucha luz
Luz
DORMI 1
Sombra
ESTAR
DORMI 2
COCINA
COMEDOR
Sombra

为每株植物选定位置

并非所有从苗圃购买的以“室内植物”为标签的植物，在房屋的每个角落都能生存。为它们选择位置时，要考虑光照的因素。阳光充足与阴暗地方的条件大相径庭。我们还要看这个地方是干燥通风，还是环境潮湿。

那么，怎样知道你的空间氛围和光照如何？

首先，绘制一幅房屋的平面图，包括阳台、庭院和露台。

观察早晨和午后的各种境况。记录植物所有的重要特征，无论是光照还是背阴，潮湿还是干燥。还要识别一些关键：进入时吸引你注意力的那个光照良好的角落，或者整个下午都有阳光透入厨房的窗户。仔细观察和记录所有内容，仔细思量应将植物放置在哪里。

早起时，注意阳光从哪里射进来，检查午间和午后的光线会怎样变化。在夏季和冬季都对其进行观察很重要，因为这样能对这两个季节有个大概了解。通常来讲，夏季的日照要长得多，而室内有的区域在夏季的午后有光照，但在冬季没有。

阳光造就了不同的微气候，如光照、阴凉、冷热区域，以及最有利于某些植物健康生长的潮湿或干燥的区域。

某些植物在充足的阳光下长得更好，而还有一些则更喜欢背阴的环境或经过透射的光照。早晨的阳光最适合蔬菜和所有需要阳光直射的植物，包括仙人掌和大部分多肉植物。在这种柔和的阳光下，你可以安心地侍弄花草，不用担心它们（包括你自己）会被晒伤或脱水。

午间和午后的阳光，尤其在夏季，对我们的植物损伤最大。因此，你只能将最耐受这种阳光的植物摆出来，如仙人掌、乔木科植物、树木和某些多肉植物。如果在午间和午后，阳光在我们的外部空间都很强烈，我们可以以种植盆景果树及中型灌木或热带植物来创建一道天然的屏障，将较小的植物放置在其枝叶形成的阴凉下，透过这道天然屏障的光照对被放置于其下的植物很有益。

不受阳光直射的空间包括室内环境，是喜阴的热带植物的理想选择。这些植物在其自然栖息地时都长在树下，仅仅能接受透过比它们更高大的植物的枝叶的几缕阳光的照射。适应它们的微气候潮湿、背阴，但不寒凉。

假如你的阳台或露台上没有阳光能够直射到的地方，也请你不要认为自己就不能种植花草了，你可以尝试种植龟背竹、蔓绿绒、蕨类植物、凤梨科植物等。它们那茂密的枝叶、浓郁的绿色和令人惊喜的花朵会让你开怀不已。在仔细观察了所有的空间后，你就可以着手开辟自己的植物园地了。等你把地方选好，了解了所选位置的氛围和光照如何后，我们建议你查阅第二章的植物指南：注意哪些植物最适合你园地的特征。在室内平面图上将这些记录下来，或者按环境条件在每个区域列一个带有多个选项的列表。这个步骤将确保你去苗圃购买指定植物或重新安置摆放已有的植物时，做出正确的选择。

打起精神来，开辟你的植物园地吧！用纸胶带在墙上贴几张经典的图片……这样就可以给你平淡无奇的植物园地增色添彩。

如果要对家中自然光照很少的角落进行布置，则可以将锯叶植物（如蕨类）和多叶植物（如虎尾兰）搭配在一起放置于此；还可以加上悬挂植物或爬藤植物，如绿萝，以及一些可塑性较强的植物，如龟背竹或兰花蕉。

如何设计带绿植的空间

• 室内及我们绿色小园地的设计都与其形状、结构、容量、光照、阴凉和色彩有关。在这里，我们为你提供了一些设计自己空间的方法。

• 自然光线良好的角落是种植仙人掌和多肉植物的理想场所。可按你的喜好，根据它们的色彩、形状、大小以及令人惊异的花朵，开辟一个与众不同的环境。

• 你可以使用木质或金属长凳，再加上一些小椅子，来装点某些植物的品种，也可以在此添上一些悬挂植物或种在苔玉里的植物品种（请查阅第 110 页）。

• 尽管绿色是植物（因叶绿素及其各种色调）的主色，但也有灰色（海绿色）、带有彩色条纹或斑点（杂色）、紫色（肉红色或紫草色），或者随温度变化颜色的植物。你可以拾掇出一个小园地，尝试着交错地摆放它们，这样颜色各异的植物便能相得益彰，而色调清浅的植物也会显得熠熠生辉。

植物是有生命力的，将它们分组搭配在一起，会产生对植物自身和对我们都有益的微气候。如果将它们养在室外，将生长着大叶植物（如龟背竹、蔓绿绒、鹤望兰和香蕉树）的花盆摆放在一起就很好。而在这些花盆的下方，可以摆放多肉植物，让多肉植物吸收经过透射的阳光，被置于花盆下还能让它们免受过多雨水的浇灌。

维护植物健康的三要素：基质、浇水和光照

每株植物都是一个世界，且每株植物都生长在特定的土壤及湿度条件下，需要或多或少的光照时间。了解和遵循植物的这三个要素，是让植物健康茁壮地成长的基础，使它们能在冬天也存活下来，让我们享受其变化和成长。植物用它们独特的语言和我们交流，让我们享受那份家养植物的光华。

基质：种植和滋养植物的土壤

植物的根部具有固定或抓牢土壤的作用，还能吸收水分及其中的养分。在某些情况下，它们还可以用作储备罐（例如甜菜根）。土壤是植物生长、固定和扩展其根部的媒介，我们可以通过它为根部提供让其健康生长的必要成分。的确，植物都会尽力地生存，但是，如果我们能给它们提供所需的营养，它们会长得更好。

基质是各种成分的混合物，这些成分混在一起，能让我们的植物生长得更好。但是，每种植物都要按其需求配一种基质。花园的基质（必须营养丰富）与某些类型的室内植物（土壤酸度需更高）的基质不同，也不同于仙人掌或多肉植物所需的基质，后者需要疏松和多孔的土壤。

在第二章，我们会详细介绍不同种类植物所需的基质混合物。另外，你将在那里找到我们使用的方案和配方，所有的材料均可在苗圃买到。

有机材料

黑土

品种和需求不同，其质量也会各异。市面出售的用于填充或平整土地的土壤通常质量比较差，我们不建议将它用于栽培。假若土质好的话，通常会带有有机堆肥，疏松多孔，并带有一定的湿度，如此土壤会保持肥沃。要对可能已经存在不良种子的土壤进行灭菌处理，防止不良种子的发育，消除诸如枯萎病或芽苗瘦弱这样的不良现象，因为它们足以杀死我们播种的所有植物。

如果要进行灭菌，可在锅中铺一层 10 厘米厚的完全湿透的沙子，在沙子上铺上黑土，然后用火炙烤。从沙子中释放出的水蒸气会使土壤消毒，如此也不至于烧毁土壤及其中携带的养分。也可以将土壤放入滤器中，并将其置于沸水的上方（不让水接触土壤），如此用水蒸气熏蒸。另一个方法更简便，即将沸水倒入土壤中，然后用铲子或勺子翻搅土壤，直至土壤完全湿透。

堆肥（腐殖质或蚯蚓堆肥）

堆肥的过程包括将植物和动物的粪便进行生物转化而获得同质产品。对土壤来说，堆肥是一种绝佳的有机肥料，也有助于大量减少垃圾。

有机物“最高级”的分解过程的产物被称为腐殖质。腐殖质中所包含的肥料比堆肥多，且两者均为有机的。而蚯蚓堆肥则是通过植物的有机转化所获得，该转化在经过严格控制的温度和湿度条件下，由蚯蚓完成。

这些堆肥几乎适用于所有种类的植物，因为它们通过掺入有益的土壤微生物来改善土壤的生物和物理特性，但要注意：过量施肥并不适合所有植物。例如，仙人掌和多肉植物，它们并不需要过多养分。

松针

作为堆肥的松树叶（也称为松针叶），可提供大量的有机物，并使基质更加松软。它们能减少温度的急剧变化，多用于杜鹃花或者类似的植物，如山茶花和秋海棠。

泥炭土

专为杜鹃花、蕨类植物、凤梨花、山茶花和阿尔卑斯紫罗兰等设计。

由泥炭苔转化来的泥炭土的特点是能保持水分，有利于吸收必需的营养成分，让基质的孔隙度增加。因质地轻盈，泥炭土能够储藏超过其体积20倍的水分。

它还具有抗菌作用，可用天然的方式防止腐烂和病虫害，从而避免使用化学调节剂。此外，它还会释放酸性抗菌化合物，从而减少细菌的繁殖。

若要植物生长无病害，就应从根上抓起。泥炭土是一种根系兴奋剂，它不会压迫根茎的生长，能让根茎更好地呼吸透气，是水培种植兰花、食虫植物、蕨类植物和制作盆景的理想选择。

淤泥土

由从河岸提取的腐烂有机残留物构成，非常适合需要微酸性土壤的植物。它增强了土壤的水分保持能力，对植物根系的通气和呼吸十分有益，同时它使土壤保持水分的时间更长，并能防止被压实，有利于植物根系的发育，还能调节并防止土壤温度的急剧变化。

无机材料

也称为土壤改良剂，它虽不提供养分，但有助于改善基质的物理特性。

植物炭

与烧烤用炭一样（无须引燃），但需要用锤子将其捣碎，最好是用烧烤炭袋子底部残留的炭。它可作为防腐剂，防止真菌繁殖，还可以作为饰面材料。

轻质膨胀黏土陶粒和陶砂

为通过加热膨胀制成的黏土颗粒，有利于排水，也能防止积水。它还能减轻花盆的重量，便于移植，因为有这些石头在底部，便能更好地从容器中取出旧的基质。

这种陶粒的粒径不一。最小的被称为陶砂，主要用于制作盆景，也可采用软木、碎砖块或碎瓦片、蜗牛壳以及其他的石头替代。

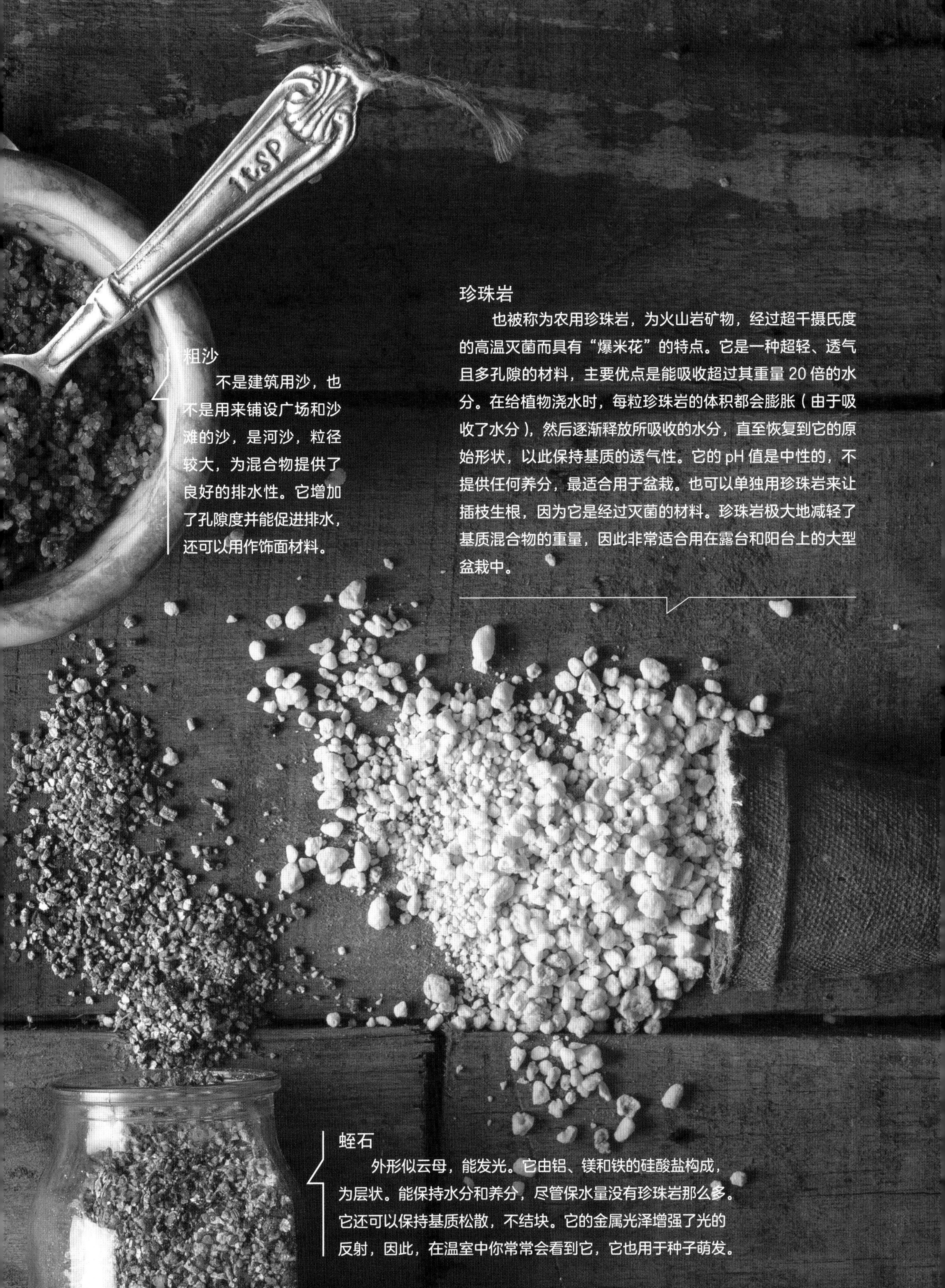

珍珠岩

也被称为农用珍珠岩，为火山岩矿物，经过超千摄氏度的高温灭菌而具有“爆米花”的特点。它是一种超轻、透气且多孔隙的材料，主要优点是能吸收超过其重量 20 倍的水分。在给植物浇水时，每粒珍珠岩的体积都会膨胀（由于吸收了水分），然后逐渐释放所吸收的水分，直至恢复到它的原始形状，以此保持基质的透气性。它的 pH 值是中性的，不提供任何养分，最适合用于盆栽。也可以单独用珍珠岩来让插枝生根，因为它是经过灭菌的材料。珍珠岩极大地减轻了基质混合物的重量，因此非常适合用在露台和阳台上的大型盆栽中。

粗沙

不是建筑用沙，也不是用来铺设广场和沙滩的沙，是河沙，粒径较大，为混合物提供了良好的排水性。它增加了孔隙度并能促进排水，还可以用作饰面材料。

蛭石

外形似云母，能发光。它由铝、镁和铁的硅酸盐构成，为层状。能保持水分和养分，尽管保水量没有珍珠岩那么多。它还可以保持基质松散，不结块。它的金属光泽增强了光的反射，因此，在温室中你常常会看到它，它也用于种子萌发。

饰面材料

饰面材料的英语为 top dressings，即表面装饰，是我们用来覆盖基质的材料，能使基质不暴露在外，也不和空气接触。夏季，它们保留了浇过水之后的水分，以防止高温蒸发，因此，有助于保持土壤的湿度。冬季，它们可以充当保温体，保护根部免受低温和霜冻的影响。它除了给花园增添了美感之外，还阻止了会与植物争夺阳光、水分和土壤养分的杂草的生长和发育。但不要使用人工染色和颜色鲜艳的石块，这些染料经浇水冲刷会掉色。你只需发挥自己的想象力，考虑使用环保型材料即可。在这里，我们会给你介绍最经典的饰面材料，你也可以使用蜗牛壳（完全清洗干净，无硝石）、铁砂石、玻璃石或花艺纽扣。

苔藓

为了覆盖盆栽的土壤，凸显植物和苔玉的外观，可以使用干水苔。它的颜色更绿，装饰性更强，还能保护根部的表层免于受寒或受热，保持土壤的水分。至于有机材料，则有泥炭藓（泥炭土的主要成分）。它是园艺植作和播种用土所必需的，能吸收水分和保留养分。尽管比起饰面材料，它更多地被用作基质。

松树皮

无论是在盆栽中还是在地面上，松树皮都具有装饰性，可增加美观度，使饰面效果更好。它们还可以用作有机肥，因为它们会在数月内降解，对植物进行生态施肥，从而增加土壤的孔隙度和透气性。应在土壤中铺三至五厘米厚的一层松树皮，且建议每年加上一层，因为经过连续浇水，它们已经降解，最重要的是，经年日久它们会失去装饰性。

石块

你可以使用自己最喜欢或容易获得的材料，如果石块是你从海滩或溪流中捡回来的，最好将它们清洗干净，以除去其中可能含有的硝石和有害微生物。例如，迷你鹅卵石、“银海”碎石、球石、浮石颗粒、云母或者你居所附近的采石场的石料。

移栽

我们喜欢自己准备混合基质，但市场里也有已经调配好的特定基质售卖，只需确认标签上列出的成分是否尽可能地接近各种植物品种的理想基质即可，你也可以向其中添加自己认为必要的成分。

一旦确定了植物所需的基质类型，便将其移栽到适当的容器（请参阅第 54 页）中，并在花盆的底部铺一层轻质膨胀黏土陶粒或类似的材料，注意不要堵塞排水孔。

建议你先对一年中的气候和季节加以评估，找到适当的时机再进行移栽。如果是在冬季，可选择暖和的白天或午间进行。你也可以在室内辟出一个条件适宜的场地，以便能全年进行园艺实践；在夏季或天气炎热的时候，要避免在强烈的阳光下进行移栽；你可以选择清晨或傍晚时分，找一个背阴的地方进行移栽，这样能减轻某些植物在移栽中受到的压力和影响。

不必急于更换你家植物的所有基质，慢慢来！若你有许多盆栽，可以一次更换一部分基质。

如果你的花盆非常大，你可以在上面打一些小孔，一点点地掺入基质材料，然后再浇水，使其混合在一起。

我们的基质配方

适用于所有植物

2 份黑土
1 份堆肥
1 份珍珠岩
½ 份蛭石

适用于室内植物（蕨类植物、热带植物、非洲紫罗兰等）

1 份黑土
1 份堆肥
1 份珍珠岩
½ 份泥炭土
½ 份淤泥土
½ 份蛭石

适用于蔓绿绒和木本植物（榕属植物、杜鹃花、茉莉花等）

1 份黑土
1 份淤泥土
1 份珍珠岩
½ 份蛭石

适用于仙人掌和多肉植物

2 份黑土
1 份堆肥
¾ 份粗沙
½ 份蛭石
½ 份珍珠岩
½ 份捣碎的植物炭

适用于灌木

1 份黑土
1 份泥炭土
1 份堆肥
1 份珍珠岩

适用于菜园

1 份黑土
1 份泥炭土
1 份堆肥
1 份珍珠岩

浇　水

植物通过水吸收基质中的养分。很多时候，人们认为只要定期浇水，植物就可以存活，实际不然。按适当的量和频率浇水固然很重要，但它并不是滋养植物的“养料”。了解这一点可以让你避免过度浇水（尤其是多肉植物和仙人掌这些不需要大量水分的植物）。

要考虑你居住地的气候。如果气候干燥，你的植物就需要更多的水分。相反，如果气候湿润，浇水的频率就要降低。必须积极地尝试，看哪个方案更适合你家的情况。需要注意的是，植物缺水尚且能存活，要是浇的水太多的话，有时就很难挽救了。当天气炎热的时候，应增加浇水的频率；当天气寒冷的时候，应减少频率或停止浇水。当大多数植物进入休眠期并暂停生长时，就不会发新芽，也不会有生长的迹象。

何时浇水

在温暖的季节，傍晚日落时分是浇水的最佳时刻。千万不要在日照强烈的时候浇水（除非是对那些脱水极其严重的植株；在这种情况下，要避免弄湿叶片）。傍晚时浇水最好，因为植物会在夜间充分吸收养料；清晨时也可以浇水，但是被淋湿的叶子不能及时晾干；午间的阳光可能透过这些水珠产生放大镜效应，对叶片造成损害。

而在冬季，最好在上午八九点浇水，因为夜间浇水会加剧基质的冻结，导致植物根部被冻伤。

哪种水最好

雨水当然是最好的，因为它是天然的，你可以将雨水收集起来用于浇灌。切记不要让雨水淤积，以免滋生孑孓，最好将雨水用瓶装起来以备用。

你住宅区的自来水中可能含有硝酸盐、氯气等物质，能使用这种水来浇花吗？答案是肯定的，但是，我们建议你将这种水倒入桶中静置一晚（最好 24 小时），让氯气挥发掉为佳。

对于某些非常纤弱娇嫩的植株（例如食虫植物），还可以经常用空调排出的蒸馏水来浇灌。这种水对某些植物来说很适宜，但没必要用它给所有植物浇水。空调排出的水只要是冷凝水，且不携带任何可能损伤植物的油或其他液体，都可以用来浇灌植物。

多样的浇水方式

就传统的浇灌而言，我们建议你只对基质浇水，千万不要弄湿植物或其叶片，除非该植物品种有所要求（将在第二章中进行详细介绍）。

尽量不要弄湿茎秆——在植物周围而不是植物茎秆上浇水（以免根部腐烂）。应沿花盆的边缘浇水，这样可以促进根部的生长，它们会逐水而生；若根部生长良好，植物自然会长得好。

通过毛细管或自动浇水盒浇水

该方法是将需要浇水的花盆放置在托盘、深盘或其他容器中，向容纳花盆的容器注水。这种方法需要你的花盆必须有排水孔，因为它的原理是从底部浸湿基质，使植物根部从基质中吸收所需的水分。植物的类型不同，放置时长和水量也会有所不同。这种方法很有效，如果你要外出旅行数日，就可以这样给植物浇水。很多人会把花盆放到家里的浴缸里，在浴缸里放少许水，以便植物慢慢地吸收其所需的水分。对于需要少量水分的植物（例如仙人掌和多肉植物）来说，这种方法并不值得推荐。就算 15 天不给它们浇水，也不能让它们的根部与水接触超过几个小时。

苔玉

将苔藓球完全浸入水中，避免植物下沉。苔藓球浸在水中的时长和频率取决于制成苔藓球的植物种类及其对水分的需求。这与苔玉的尺寸大小也有关：尺寸越大，浸在水中的时间应越长。

通常，如果苔玉是由室内植物（矮扇棕、蛛状吊兰、绿萝等）制成，且直径在 10 厘米左右，建议每周将其浸入水中两次，每次 15~20 分钟。如果是由某种多肉植物制成，直径为 6 厘米，则每周最多只能将其浸入水中一次，时长 10~15 分钟。你会注意到水里面的植物根部会有所下降，因为苔藓球将水分吸收了。这就是这种浇水方式的原理：让苔玉吸收一段时间的水分，以便这些水分抵达苔玉里面植物的根部。

如果你将苔玉放入水中之后就立刻将其取出，苔玉就没有充分的时间来吸水。将苔玉浸入水中的预计时长到了之后，应让苔玉静置排水，千万不要按压或挤压它，以免苔玉变形或退化。

你想知道怎样制作苔玉吗？
请查阅第 198 页上的说明。

浸水

一些植物如空气凤梨（还有生长不需要基质的附生植物），吸收养分是通过叶片而不是根部。因此，每次浇水有必要将其浸入水中几分钟。这种方法也可以用于蕨类植物，如鹿角蕨和苔玉。

给放置卵石的托盘浇水

该方法适用于需要恒定湿度的蕨类植物和室内植物：将蜗牛壳、瓶盖、石头或玻璃石放入一个深盘中，然后将花盆放在上面。之后往盘中注水，再依据蒸发的水量添水，这样可以产生一个湿度恒定的微气候。

自动吸水绳

给水罐装满水，放入一根自动吸水绳或一根棉线，以此将花盆和水连接起来。将吸水绳（线）的一端浸在水中，而另一端则浅浅地埋入基质中。

要注意的是，水罐的位置要比花盆高一些，以促进毛细根的吸水和浇灌。吸水绳（线）会自动吸水，其位置还会随着水位移动来保持基质的湿润。

但给多肉植物浇水不建议使用此法。

喷雾

要求湿度尽量保持恒定的植物需定期进行喷雾，以使它们的叶片保持健康，例如空气凤梨、蕨类植物和一些室内植物。建议在天气炎热的时候，每一天半喷雾一次；在天气寒冷的时候，每四天喷雾一次。切勿在阳光直射的情况下进行喷雾，最好在傍晚进行。

如何浇凤梨花

许多凤梨科植物都是从一个用作蓄水池的中央叶筒中获取大量水分，所以，叶筒应始终注满水，每个月换水两次，对叶片及时喷雾也对这类植物有利。

控制式浇水

控制式浇水是在种植的容器没有排水孔时，我们必须采用的浇灌方式，这种浇灌方式完全由自己掌控。不带排水孔的种植容器不能暴露在雨水中，必须始终置于避雨处，以控制其所接受的水分的量。通过这种方式，我们可以控制和调节浇灌频率，以防止浇水过多。如果没有把握，你可以在基质中插入一根棍子（插到底），通过观察它来确认基质是否潮湿。

不浇水也比浇水过度要好，一般来说，植物因浇水过多而死亡的可能性更大。

浇灌频率将在第二章“品种指南”中单独做详细的说明。

建议将基质的所有成分混合：如果你要在透明的玻璃容器中将它们分层，可以交替使用不同的材料层。

注意：无论如何，植物的种植层必须为所有成分的混合物。

在室内种下一棵植物之前，请先确定它所需光照的多少。对此，本书将为你详细解读。在你家里寻找符合所种植物特征的角落，如果你不太确定，可以尝试先放几棵植物，观察它们的反应，之后再放置更多的植物。总会有适合植物生长的“神奇”角落，只要你能发现它们！

日光照射

所有房屋，哪怕是小公寓，都有各种不同的光照条件。对不同的植物品种来说，叶片繁茂的植物（如蕨类植物）通常比花朵繁多的植物需要的光照少。无论如何，光照对植物来说是至关重要的。植物的生长、健康和花朵盛开与否，很大程度上取决于它们所接受的光照。

如果一株植物所受的光照多于或少于其生长所需的最佳的量，它将受到“胁迫”，某种程度上，也开始显现某些病症，例如生长缓慢、虫害或花朵稀疏等。而过多的日照则会灼伤叶子，并产生病斑或枯萎的痕迹，尤其是在夏季，午间的阳光异常强烈。当植物的茎“伸展”、变细和拉长，拼命“寻找”光源时，就说明植物缺乏光照了，这种现象被称为避荫反应。

显示光照不足的特征还有生长缓慢、叶片褪色、“杂色品种”的色素减少，以及叶片比正常情况更细小纤弱等。

植物所需的日照程度因品种而异。有的植物需要的日照强度低，有的需要中等强度的日照，而大部分植物则需要大量日照，房屋的各种环境为我们提供了不同的选择。

日照强度

植物离窗户越近，它们所接受的日照便越强，这始终取决于其朝向和所处的季节。如果你有窗帘，光线会透过它产生漫射光，有助于防止植物晒伤，而冬季的阳光没有夏季的强烈。但是在冬季，光线射入室内会到达更远的地方，能触及在夏天光线无法照射到的室内空间。

日照质量

自然光是植物可以获得的最佳光源，但是也有人工光源可以帮助某些植物品种在室内繁衍。比如，可使用荧光灯管（它们可以发出暖光或冷光），还有一些专门用于室内种植的灯具可以使用。

日照时长

我们所说的大多数室内植物每天至少需要 6 个小时的光照。这并不意味着需要阳光直射，只要能接收到窗户或阳台附近的光线就够了。芳香植物每天需要 4~6 个小时的光照；沙漠仙人掌则需要大量的光照，因为它们在户外长得最好。但是，雨林仙人掌和附生植物则非常适合在室内生长。某些多肉植物需要的光照很少（尤其是深色的多肉植物，例如卧牛），可以把几种这样的多肉植物放置在一起，组成园艺角。

在苗圃中，我们通常会选择我们看一眼就喜欢的植物。最终你会意识到，你在购买时完全不知道自己的空间是否够，也不知道该如何照料买来的植物。以下是我们为你提的建议，无论你现有的植物品种有哪些、空间如何，都可以优化自己的购买计划。

一起逛苗圃

学名和俗名

知道你所需植物的学名（请查阅本书第 63~123 页）很重要，还要知道它们的各种俗名，以确保你在世界的任何角落都能找到要找的那株植物，因为俗名会因城镇、城市或国家而不同。而学名是通用的，它将帮助你在网上和书中查找到它们的相关信息。

如果你是多肉植物的爱好者，我们将告诉你一些显而易见又至关重要的事情。首先，要查看你所拥有的品种，确定哪些你没有，如此你就能扩充自己的收藏量。在要扩充的品种中，你可以选择一些在苗圃中不常见的，因为有些“难搞的角色”只会在特定的季节出现，之后，我们至少在一段时间内就再也看不到它们了。

我们建议你购买那些极难买到的品种，尽管有时它们会贵一些。至于比较常见的植株，你可以从朋友、家人或邻居那里要来叶瓣嫁接繁殖。

价格

通常，价格会依据该品种的稀缺性及尺寸大小而不同。在很多时候我们会发现，小仙人掌的价格非常实惠，但你要记住，它们的尺寸需要很长时间才能长到一个可观的程度。因此，购买的时候要明智，要好好地分析一个盆中有多少株植物，以及无论是通过分株还是其他的植物嫁接方式，最终你能从这一盆中获得的植株数量。为了更好地购买植物，你应考虑植物的价格、尺寸和幼苗数量之间的关系，而植株的健康和外观对你购买成功与否至关重要。

注意事项

仔细检查植物是否健康，确认其外观是否良好、挺拔，叶片茂密，没有划痕或碎叶，并注意不能带有蜘蛛网的痕迹。

注意检查两侧的叶片：叶片应该是绿色的，不该是棕色或黄色。当然，你还要检查一下植株的整体状态，确定其没有害虫和疫病，也没有任何奇怪的或外来的异物。如果植株的叶片被虫咬了，就不要选择它了。如果你找的是会开花的植物，选择的花蕾是处于不同阶段（正在发育的花苞、花半开或盛开的）的，这样你就能多享受几天它的花期，还要注意它是否有新芽，这可是一个好迹象。

多年生植物

记住，大多数花苗都是季节性或暂时性的，无论你是否给它们提供了适当的护理，它们都会在存活一段时间之后死去。我们总是把“多年生”与“常绿”这两个概念混淆：常绿植物是指那些秋季不落叶的植物，不是一年生或两年生的植物都被称为多年生植物。如果我们照料得好，它们会活两年以上，这就是我们建议的植物类型。要知道，拥有一个永续花园的原则之一是：不要每个季节都更换植物。

现场购买

亲临市场直接购买是最可取的，比起网购植物，逛苗圃、发现新事物的体验更好。尽管你对一切都进行了分析，知道哪个地方更适宜哪种植物生长，但这都比不上逛苗圃时欣赏各种植物的色彩和形状的体验——特别是当你碰巧找到自己一直苦寻的品种，或惊喜地发现自己的长辈所钟爱的植物，都会情不自禁地带走它们。另外，除非是可靠的供应商，网购是无法对即将收到的植物的实际情况有多少了解的。

移 栽

也许有很多次，你买来了新的植株，就将它原封不动地放在家里的某个角落或阳台上，这是我们最常犯的错误之一，也是植物不能存活的原因之一：我们常将买来的植物装在一个排水不畅的塑料容器中，所配的基质大多是贫瘠的或与品种不符。出于某些原因，苗圃会把土壤和其他成分分别出售。只有一些专业苗圃或收藏家的苗圃，才会为各个品种的植物提供理想的基质，通常来讲，苗圃都是以附近的采石场或保留地的土壤来装盆。因此，必须将买来的植物移栽到一个有适宜自身基质的新容器中。

植物会随着时间逐渐吸收土壤中的养分，此时还需更换基质。待它长大时，你得将它换到一个更大的花盆中，以便它有更多的空间来生长。

除了蕨类植物、苔藓、地衣类植物和水藻以外，所有的植物都能开花。很多时候，由于地理位置或特定气候的原因，无论我们为其创造多好的自然条件，有的品种始终都不会开花。

如何种植和移栽

对生长较慢的品种，即使你看不出它们的尺寸变化，最好也每隔一两年对其进行一次移栽以更新基质，以免原来基质的营养被消耗掉而造成营养缺失。移栽之前不要过早地浇水，最好采用干燥的土块而不是浸过水的，这样，你才能将植物摆弄得更好。

• 如果植物与容纳它的塑料盆粘得过紧，或已过了很多年都未进行移栽，此时千万不要对植物使劲拉扯。要尽量小心，不损伤植物的根部。

• 建议用手反复挤压旋转容器，以使里面的土块松脱，然后将其取出。如果还取不出来，最好用剪刀或其他刀具将容器切开。若多切开几处，则更容易取出土块。

• 如果是移植仙人掌或多肉植物，则将它们连同尽可能多的附在根部的泥土一起取出，尽量不要挤压到根茎（以使根茎与空气接触时免受损伤）。

• 对其他植物，则不必完全取出土块。我们建议大家用手指除去土块表面的一些泥土，然后再将其放在已经放入花盆的基质上。

• 一手握住植株插入盆内，将新的基质填充在周围，直至花盆边缘的三厘米处。如果是仙人掌和多肉植物，尽量不要压实土壤，但是，对其他植物，可将土壤夯实一点。

• 明白放置饰面材料的重要性，挑选最适宜所种植物的饰面材料（请查阅第 20 页）。

• 大量浇水，使水渗透并到达根部。对仙人掌和多肉植物来说，最好不要立即浇水，因为移栽可能会对它们造成一些损伤，我们必须给它们时间让其愈合。

• 应按要种植的植物品种选择花盆，尤其是要根据植株的大小选择。最好选择带排水孔的花盆，还要在基质上放置一层石块或轻质膨胀的黏土陶粒。

适应环境

移栽完植物后，要注意给它们一段时间来适应新环境。根据其摆放的朝向，在新的温度和环境的湿度下，这些植物会慢慢地适应，会每天捕获大量光照（无论是自然的还是人工的），并开始吸收新基质的养分。这个适应的时差可能会持续数日甚至数周，因品种而异。如果它们显得有点萎蔫，不要惊慌，这在移栽后的最初几天是完全正常的。如果它们在苗圃的时候还光彩照人，被弄回家里却都掉叶子了，你也不要气馁，尽量不要总给它们挪位置。要知道，植物是活物而不是装饰物，遵循它们对新环境的适应性是成功种植的根本。有些植株却不会显现出任何症状，例如仙人掌和多肉植物，因为这些品种更宜移栽。

把空间布置一下，给它们提供与其来源地类似的环境特性，可确保植物生长良好、繁殖更佳和开花。

• 若移栽的是带刺的仙人掌或植物，必须保护好自己。要摆弄它们又不弄伤自己，可以使用镊子或自制一种箍子，就是将报纸或厚袋子卷起来，在植物周围形成一个保护套。在这种情况下，我们不建议戴手套来保护自己，因为棘刺会穿透非专业的手套，使其损坏继而伤到我们。如果仙人掌是柱状的或它的个头很大，最好用一根绳子固定住底座，让另一个人帮助我们将它从花盆中取出。

这儿是冬天，那儿却是夏天

当你搜寻信息，尤其是在网上时，要确认该信息的作者指的是哪个半球，以便更好地了解其所涉及的季节和温度，可能你读到的信息与自己的居住地不符。因此，我们在这里讨论的是季节而不是月份。有时我们会读到必须在七月做什么，如果作者来自北半球，那么就可能指的是夏季。还要注意，通常在园艺手册和园艺指南中作为参考的是中型、大型的植物品种，而不是所有新的收藏家都能买到的小植株。

移栽的重要性

当我们购买一棵新植株后必须移栽它，以为它提供适宜的基质和容器。随着时间的流逝，植物将土壤中的养分吸收，你还需更换新的基质。一段时间后，还必须将它换到一个更大的花盆里，因为植物生长需要更多的成长空间。

对生长较慢的品种来说，即使看不到它们在尺寸上的变化，也必须每隔一两年对其进行一次移栽以更新基质，因为基质中的营养已被消耗掉。

如何选择花盆和容器

选择我们用于种植的花盆和容器,与选择植物的品种一样重要。在自然界中，植物能在天然土壤和岩石之间自由生长，或者附着在树木上，比如附生植物。把它们种在花盆里在某种程度上是反自然的，但却是能将大自然带入我们家中的一种方式。因此，首先要依据植物品种，其次要根据如何将其设计得更美观来考虑应用什么样的种植容器，这点尤为重要。

尺寸

若植物长得较高大，盛放它的容器得让它舒适，并能让其继续生长。如果植物株形较小，则不要将它放在巨大的花盆中，必须设法让植株和容器在尺寸上均衡。

在阳台或露台上放置花盆架，还得考虑它们将要承受的额外重量。若是老旧的建筑或悬臂式阳台，就要特别记住，花盆的重量会增加，还得算上基质、植物本身和水分的重量（若刚浇过水的话）。

确认是否能将浇灌的水或雨水排干净也很重要。如果植物的根部被水浸泡得时间太长的话，那么整棵植株都很可能死去。

材料

天然材料，如耐火黏土（或赤陶）、木材以及椰壳纤维都是我们的最爱，但它们都既有优点也有缺点。

陶土花盆

赤陶花盆是种植的最佳之选，从古至今已经使用了数千年之久。它由天然材料、黏土和矿物制成，因此又被称为陶土花盆。它的主要特征之一就是孔隙多，因此可以释放花盆内部的多余水分，避免所种的植物烂根。它们还具有绝缘的作用，不仅可在冬季防霜冻，也可在夏季防过热。这类花盆的尺寸和形状众多，且价格相对实惠，唯一的缺点是易碎、质量重。

陶瓷花盆

陶瓷花盆也来源于黏土，但它们是经过不同的温度烧制而来的，带着珐琅釉面。尽管孔隙少一些，但它们仍具有天然绝缘的效果，适用于多种植物。

赤陶花盆历经各种风尚经久不衰，价格便宜，也很容易买到。另外，它们在视觉上也比较统一，能让植物脱颖而出。为了摆脱整体的单调，你还可以添加一些珐琅瓷花盆或者回收利用珐琅杯子和珍藏的精品坛坛罐罐。多肉植物和仙人掌的需水量很少，所以它们所使用的容器无须排水，只须在容器底部铺上石头，避免浇水过多而被淹即可。

椰壳纤维

该容器由椰壳纤维编织而成，有很多孔隙，常被用作悬挂式的花盆架用。若将它用作花盆架，你只能将它用于需浇水少、基质排水性良好的植物，因为浇水时，水分很容易从椰壳纤维中流失。对多肉植物，尤其是那些对水十分敏感的多肉植物来说，椰壳纤维是最佳选择。

土工布容器

这种容器由合成织物制成，其用途与椰壳纤维的花盆类似。它们具有很多孔隙，独具渗透性，常用于制作绿化墙。这种容器的可塑性极强，其材料非常适合制作种有小型植株的小口袋的悬挂式花盆架。尽管我们常看到它们被用来培育芳香植物苗，但是因这种材料的孔隙多，并不建议如此使用。我们建议用它们来栽培仙人掌和多肉植物，以及在自然界中无须基质而生存的附生植物。

纸浆花盆

这种花盆由纸浆制成，通常用于苗床。它们非常适合培育幼苗，并在室内种植中用作花盆底座。这种材料是可被生物降解的，一旦秧苗发育得好，我们就可以直接种植它们了，只需将纸浆花盆埋入它的最终位置即可。这种花盆会自己慢慢地降解完，并变成基质的一部分，它们很适合用于不易移植的脆弱的植物品种。

塑料花盆

这是使用最广泛的花盆。到处都可以看到它们，甚至是在社区小超市里。它们的样式和颜色各异，且价格实惠。因为重量轻（比其他材料占优），被广泛运用于阳台和露台。它们的缺点是不能让浇灌所留下的多余水分即时蒸发，而且它们被阳光晒过还会发烫，从而导致基质和根部过热。它们的使用寿命也更有限，因为它们会随着时间的流逝风化破裂。

这种花盆本身不怎么具有美感，与赤陶花盆、椰壳纤维花盆还有木材混在一起也不起眼，而对容纳大型的植株来说（例如灌木、棕榈树、中型果树或热带植物），它们非常有用，但不建议将它们用于仙人掌和多肉植物。

纤维水泥花盆

这种花盆和花盆架一般为棱柱形，常被称为长条形花盆，多用于阳台和露台。这种花盆比赤陶花盆更耐用，尺寸更大，样式也更多。它的缺点是太重，一旦装上土就极难移走，还有破裂的风险；优点则是制成这种花盆的材料和它所具有的颜色使其隔热性更好。

假如你的花盆花样繁多，各不相同，那么怎样让它们统一呢？可以用你自己喜欢的颜色给它们上色，建议用中性色或金属色。无论它们是什么材质的，都有适用于它们表面的颜色喷雾剂！也无须全部喷涂颜色，赤陶花盆按区喷涂（比如金属箍的部位）就很好。

各就各位：用手头的花盆来种植

并非所有植物都能适应各种类型的花盆。比方说，室内植物及所有需要每天浇水的植物都可以在塑料花盆中长得很好，这种花盆也可以更好地保持水分。

• 无论是在室外还是室内，仙人掌和多肉植物都能在赤陶花盆里长得很好，因为这种花盆可以吸收它们根系散发出的多余的水分，最终在土壤中缺水的时候，通过花盆的孔隙吸收其中的水分。大部分多肉植物适合大口径的浅口花盆（平底锅形），因为这种花盆可以让它们广泛地生长，就像在自然界里一样。

• 仙人掌，尤其是柱状的仙人掌，适合用厚底、深口的大花盆来栽种，可防止其倾倒。因此，最好使用赤陶花盆和纤维水泥花盆。

• 比例典型的锥形花盆（花盆口径与花盆的高度一致）可使矮乔木和灌木在其中茁壮地成长。

• 赤陶花盆也是花园的理想选择，因为它们浇水后可以让多余的水分蒸发。木箱也可以，不过最好还是采取一些保护措施，防止它们腐烂。为此，可以用亚麻籽油或厨房用油（使用过的，如煎炸用油等）涂抹木箱。这两种油都比用合成漆好，因为它们无毒。还可以用纱窗或一些在建材市场上能买到的塑料布，从里面垫上将木箱围起来，形成半阴的环境。

2
城市花园

植物的名称

植物分类和类别

《国际植物命名法规》记录了为植物科学命名的规则，每一个门类都有一个名称。在植物学中，科学命名的目的是为了在世界各地，无论使用何种语言，都采用一个单一的名称来指代单个植株或分类群，以此避免混淆和错认。比如，在阿根廷被称为念珠草的植物，在其他国家却叫作珍珠链草。试想一下，当我们提到这种植物时，假如我们说“那种蔓生茎的，带小圆球的植物”，别人是完全没法理解的……

科学名称的构成

生物体的划分有 7 类：

1 界
2 门
3 纲
4 目
5 科
6 属
7 种

在这些类别中，又将它们按分类法细分，例如亚门、亚纲、下纲等。基本上，植物分类为科、属、种和变种。

分类法旨在将
生物体按目、科或
属的不同等级归类。

为了更好地理解，我们举例说明：

黄毛仙人掌

科：仙人掌科（又分为三个亚科，对此我们不深入讨论）。

属：仙人掌属（是仙人掌科植物的一个属，有 300 多个品种，名称源自希腊语，被老普林尼用来命名一种生长在希腊奥普斯镇附近的植物）。

种：黄桃扇的变种（其拉丁语俗名意为小而多毛的）。

变种：有两个：1 白桃扇（俗称天使之翼、兔耳掌、金乌帽子或炫目胭脂掌）；2 浅色黄毛掌（茎节长，带黄色钩毛）。

这有助于我们确定：

科：为总科。
属：将其分组。
种：确定其特征。
变种：决定某一物种内的特殊特征。

生物体分类列表的最常见形式是属和种的简单形式，俗称二名法，也就是双名法。

品种指南

在本指南中，你将对大量室内和室外植物（如水生和附生植物）以及精选的仙人掌和多肉植物的特性和护理知识有所了解。在这里，我们针对各个品种都详细地解说了它所需要的光照类型、位置、浇灌方式和适宜的基质。对这些有所了解之后，你就能挑选更适宜自己空间环境的植物，并用它们装点自己的植物园。

室内品种

在自然界中，所有植物都在室外生长。通常，室内植物指的是那些从热带地区被移到温带地区，能适应自己家中环境的植物。

人们并不是很习惯养室内植物——这源于维多利亚时代兴起的时尚，在很大程度上归因于当时拥有能建造冬季花园和玻璃温室的新技术，另外，从遥远之地（比如从美洲的热带雨林）引入欧洲的新奇异域植株引起了人们的兴趣。

接下来将会介绍很多适宜养在家中或工作场所的理想品种。若缺少基本的护理（如适当地浇水和光照），任何植物都无法存活，但有些植物比其他植物所需要的照料更少，因此，如果将它们种在室内，我们就不必每天刻意关注它们了。

美叶光萼荷（蜻蜓凤梨）

是一种凤梨科的植物，原产自南美洲的丛林地区，为无茎植物，其边缘上的锯齿叶片以莲座状重叠着。它是附生的，也就是说，在自然界中，它紧挨（无寄生虫的）着树木或地面生长。它的花朵非常美丽，粉色的苞片间开有淡蓝色的小花。一般都认为苞片和小花共同构成一朵花，事实上并不是，只有小小的蓝色花序是花朵的一部分，我们认为的花瓣实际上是苞片。

需要什么类型的基质 尽管在自然界中，它们是附生的，但我们可以在混合有泥炭土、珍珠岩和树皮混合物的花盆中种植它们，该基质很疏松，不能浸湿。

适宜的光照和位置 需要充足的阳光，但不要阳光直射，它们非常适宜放在窗户边或不受阳光照射的阳台上。

如何浇水以及浇水的频率 每三至四天浇一次水，不要积水。没有花朵时，在中萼片中浇水。

如何繁殖 该植物在开过花之后，通过母株底部的芽繁殖。

在自然界中有雨水浇灌时，中萼片中总是充满水，会变成青蛙和昆虫的天然池塘。

西瓜皮椒草

因其叶片的花纹而得名，观赏性极强，叶片肥厚多肉，为盾形；叶脉为银色；花茎和叶柄微微泛红，使其外观鲜艳夺目，是一种非常适合养在室内的植物。

需要什么类型的基质 多孔、疏松且排水性良好的基质。

适宜的光照和位置 必须位于光线良好的地方，但要避免阳光直射。

如何浇水以及浇水的频率 按见干见湿的方法直接浇水，只有在基质完全干燥时才需浇水。浇水过多会导致其根部腐烂，叶片脱落。

如何繁殖 通过分株繁殖。通过插条，可在扦插前待其愈合，也可以通过叶柄在沙质混合物中愈合。

在其自然栖息地中，它们生长在热带雨林中。可以用厚厚的一层苔藓作为饰面材料，尝试着重现这种植物生长的生态环境系统的一隅。

肾蕨（蜈蚣草、圆羊齿）

是一种原产于东南亚和澳大利亚的蕨类植物，在全球范围内都有生长，其锯叶呈深绿色，甚至可长至 1 米。在叶片的背面，可看到一些均匀分布的棕色组织。这种植物很容易种植，成功的关键之一就是你所在的环境必须潮湿明亮。

需要什么类型的基质 蕨类植物的基质必须为轻质，排水性良好且富含养分。适宜在春季施肥，每两年更换一次基质。

适宜的光照和位置 这种植物喜好光照，但对阳光直射十分敏感，因为它的叶片会干燥，适合被放置在半阴的地方，而让它生长良好的环境必须是潮湿的。

如何浇水以及浇水的频率 利用毛细管浇水，夏季每两至三天浇一次，冬季每周浇一次。

如何繁殖 在自然界中，如所有的蕨类植物一样，它是通过孢子繁殖的，你可以通过分株轻松地繁殖它（请参阅第 167 页）。

这种类型的蕨类植物看起来很高雅，乍看之下，会让人觉得它过于简单。它们随处可见，其观赏性价值是毋庸置疑的。尝试在悬挂式的花盆里种植它，会让它的叶子显得更加耀眼夺目。

紫叶水竹草

是一种多年生植物，原产自阿根廷和巴西，由于其茎秆会在茎节所在之处改变生长方向，使其攀藤显得有点凌乱。它的茎秆肥厚，带有绿色和紫色的杂色毛尖形叶片。它的花形非常简单，呈紫红色。这种植物能长出非常茂密的叶片，有时略带有侵略性。

需要什么类型的基质 适宜用疏松且排水性良好的基质，可以用优质的黑土、沙子以及苔藓的混合物。

适宜的光照和位置 需要充沛的光照来保持杂色，但不喜阳光直射，将它放置在靠近窗户的桌面上或种在悬挂式花盆里都很适宜。

如何浇水以及浇水的频率 每周浇水两至三次，水量充沛，但不要积水。冬季则每周浇水一次。

如何繁殖 通过土培枝条扦插（在春季或夏季进行）或水培扦插（全年均可）。

该属名称紫露草属是为了纪念英国自然学家大约翰·查德塞特和小约翰·查德塞特。两人为父子关系，均为植物学家、探险家及植物样本搜寻家。

二歧鹿角蕨（鹿角山草、蝙蝠蕨）

是一种附生蕨类植物，其特点是叶状体呈绿色，但因具有银色的茸毛而发银白色，且叶片形似麋鹿角而得名。鹿角蕨属植物具有两种叶片：一种是不育叶，另一种是能育叶。叶状体是蕨类植物的叶子，不育叶不结果实，且包裹着植物的根部，帮助其附着在树木上，并对其进行保护。随着植株的生长，它的叶子会变成棕色，这会让人觉得叶片显得干燥，事实并非如此。这是蕨类植物生长过程中的一部分，完全没必要除去这些叶片。

它生长在热带气候中，如果我们能在家中制造它自然生长的温暖潮湿的环境，它将生长得非常好。

需要什么类型的基质 在自然界中，它的根系依附在作为寄主的树木树干或灌木上。我们可以在家中仿制这种环境，将其固定在叶片终年不凋的树木的半阴部位，且避免阳光直射。若在花盆中栽培，则适宜采用宽口浅底盆，使用以泥炭土、粗沙和堆肥为基础材料配制的轻质基质。

适宜的光照和位置 适宜放在光线不足的地方，因此，非常适合将它放在浴室以及其他潮湿阴暗的地方。尽量避免让它受阳光直射，否则会晒伤能育叶，使能育叶的叶片干燥，变成棕色。

如何浇水以及浇水的频率 适合采用浸水法浇水，每周浇水两至三次。适合将其放置在含水的石床上，但不要让它接触到水（请参见给放置卵石的托盘浇水，第28页）。这样，水分将逐渐蒸发，加湿空气，创造有利于这种蕨类植物的微气候。可以每周用喷水壶给它的叶片喷一次水，最佳的办法是朝它的上方喷雾，形成湿气，而不是用喷水壶直接对着它的叶子喷水。

如何繁殖 像所有的蕨类植物一样，这种蕨类既不开花，也不会结果实和种子。它通过孢子繁殖，但是这种繁殖方法很复杂，我们很难人工操作，因此，我们建议你通过分株来繁殖它。

在自然状态下，其叶片可以长达1米，且在多数情况下长得很长，重达约100千克。观察它的叶子，你会看到上面附有白色的茸毛，这既不是灰尘也不是污垢，因此，不要尝试去除它们，以免伤及蕨株，这些茸毛具有保护作用。

孔雀竹芋

是竹芋科的一种，原产于巴西。为多年生植物，高度可达 45 厘米，其叶片呈苍绿色。叶片的上部带有深绿色的斑点，背面则带有紫色的斑点。它很容易在室内种植，但耐不住低温，因此你必须保护它免受大气和气流变化的影响。

需要什么类型的基质 基质需疏松多孔，由黑土、泥炭土和沙子构成。

适宜的光照和位置 置于半阴或间接光照的环境下，它对阳光非常敏感。

如何浇水以及浇水的频率 夏季每两至三天浇一次，冬季每周浇一次，水温为室温温度。将它放置在装有石块和水的盘子里，以形成湿润的微气候，不过花盆的底部不宜接触水。

如何繁殖 在春季通过分株繁殖。

若你喜欢用喷水壶给植物喷水，对这种植物就很适宜。建议每周喷水一次，以免遭受红蜘蛛（一种出现在干燥环境中的螨）的侵袭。

印度榕（橡皮树）

是榕属的一种，树高可达 40 米。如果在花盆中种植的话，它会生长得极为缓慢，因此非常适宜在室内种植。它的叶片十分宽大，呈绿色且充满光泽。它的新叶子被包覆在红色的鞘中，该鞘会随着叶子的生长而生长。当叶片成熟时展开，此鞘便随之脱落。

它作为一种观赏性植物在世界各地广为栽培。在热带和地中海气候中，适宜在室外对其进行栽培；而在寒冷气候下，则适宜将其作为室内植物进行栽培。它具有红色的水生杂色变种，外形极具吸引力。

需要什么类型的基质 由黑土、泥沙、河沙以及泥炭土构成，建议在深度至少为 30 厘米的赤陶花盆内种植。

适宜的光照和位置 在室外和室内均可种植，必须接受充足的光照。

如何浇水以及浇水的频率 夏季每周必须浇水三次，冬季则每周浇水一次，适宜用水给其喷雾，尤其是在冬季且该植物被放置在有暖气的环境中时。

如何繁殖 可通过枝条扦插或压条繁殖。

它的内部包含一种毒性极强的乳胶，以前用于制造橡胶。

鸟巢蕨（巢蕨）

多年生蕨类植物，呈莲座状，原产于亚洲东南部、澳大利亚东部沿海地区的雨林中。这种蕨类大多数为附生植物，也就是说，它们生长在树干上，但不是寄生，还有一些则生长在森林的低层。这种蕨类因其叶子（叶状体）呈亮浅绿色而极富吸引力，只要环境潮湿，它们就能完美地适应室内生活。

若你看到有棕色的斑点，有可能是它所处的环境太干燥了，另一个长斑的原因则是它遭受了真菌的侵袭。无论是上述两种情况的哪一种，都应从底部将长斑的叶片切掉，而且它还不耐霜冻。

需要什么类型的基质 蕨类植物的基质应该很轻，排水性良好且富含养分，若掺入泥炭土或苔藓则会更好。

适宜的光照和位置 它喜欢光照，但对直射的阳光非常敏感，适合将其放置在半阴的地方生长，而让它愉快生长的最佳环境必须温暖和潮湿。

如何浇水以及浇水的频率 将花盆（必须具有排水孔）放在一个装有水的盘子或托盘中，通过毛细管浇水，这是最适宜这种蕨类植物生长的理想状态。夏季每两至三天浇一次，冬季每周浇一次。

如何繁殖 在自然界中，如所有的蕨类植物一样，它是通过孢子繁殖的，你可以通过分株轻松地繁殖它（请参阅第 167 页）。

它叶片中脉的颜色极黑，再加上其叶子的亮绿色和波浪状的边缘，使它看起来有点失真，引得人忍不住想摸摸，看它是真是假。

大琴叶榕（琴叶榕、琴叶橡皮树）

这种树原产于非洲，在自然状态下可长至 10 米高。如果将它种在花盆中，它会生长得较缓慢，因此非常适宜生长在明亮的室内，能凸显其特有的琴形叶（中间处纤细，形似小提琴）。

需要什么类型的基质 它对土质要求不高，如果基质混合物中含有足量的腐殖质则更好。在理想的状况下，基质应肥沃潮湿，可以通过添加沙子和少量的堆肥来实现。

适宜的光照和位置 应接收散射光，必须让其免受午间的阳光直射。

如何浇水以及浇水的频率 夏季每三至四天浇一次，冬季每周浇一次。最后，你可以用喷水壶对其叶片喷水，切记不要过量，否则有可能引起真菌侵袭，使其叶片出现棕色的斑点。

如何繁殖 它的繁殖相当不易，其中一个可行的方法是通过压条繁殖。

这种树的造型宛如雕塑，叶形奇特，使其在众多装饰博客上大放异彩。虽然要栽培它并非易事，但不是完全不可能。因此，请别放弃尝试在你家里种植一棵大琴叶榕。

绿萝（黄金葛）

是一种藤本植物，可种在花盆中作为挂饰。原产于东南亚和亚洲，经常会被误认为是蔓绿绒（请参阅第 73 页）。它具有高耸的根，可以使其攀爬并抓住其支干。它的叶片呈心形，通常为绿色，还混杂有白色、黄色或浅绿色。

它是一种通常在室内栽培的植物，非常易于护理。你只需注意不要浇水过度即可，因为过多的水分会使它的叶子发黄、脱落。

需要什么类型的基质 它可以生长在任何类型的土壤中，甚至有人用水培使其小串地生根，但其基质最好能保持水分。因此，我们建议你使用包含泥炭土、沙子、优质土壤和堆肥的基质。

适宜的光照和位置 和所有的杂色植物一样，绿萝需要光照充沛。若缺少光照，它的杂色会逐渐消失。但必须注意让它免于阳光直射，否则会灼伤它。

如何浇水以及浇水的频率 建议每次等到基质变干再浇水，且浇水量应充沛。夏季每周浇两次，冬季每周浇一次。用喷水壶对其叶片喷水较适宜，尤其是在室温较高时。

如何繁殖 极易通过茎插繁殖。适宜剪一段包含两个节的茎段，可在水中或基质中进行扦插（我们更倾向于后者）。将其中一个节埋入，而另一个则留在基质表面，极易生根。

若我们将绿萝种在墙上或架子上，随着绿萝的生长和攀爬，它的叶片会越来越大，其叶片尺寸远比作为挂饰的花盆种植的绿萝的叶片大得多。

艳锦竹芋（三色竹芋）

是一种多年生植物，是原产自巴西的常绿植物，它的茎分叉严重，有披尖形叶，叶长可达 50 厘米；叶片呈束状深绿色，带斑彩，中脉为白色，叶背为红色，因叶色鲜明艳丽而被广泛种植。

需要什么类型的基质 基质必须肥沃且添加有泥炭土和粗沙，以便能良好地排水。

适宜的光照和位置 须将它放在阴凉处，千万不要受阳光直射。

如何浇水以及浇水的频率 基质必须始终保持湿润，注意不要浸湿根。你可以将它放在浸有少量水分的石床上，这会产生它所喜爱的微气候。

如何繁殖 通过分株繁殖（请参阅第 167 页）。

由白色花瓣和血红色花萼构成的美丽花朵是这种植物的特征之一，其名称也由此而来。

羽叶喜林芋（羽叶蔓绿绒）

蔓绿绒属有120多个品种，原产自巴西、圭亚那和哥伦比亚，是典型的热带多年生植物。而就蔓绿绒而言，它的叶子是由宽大的深绿色裂片叶构成，具有气生根，使它能固定在树木或藤架上。它是一种相当脆弱的植物，不耐低温。如果我们能在家里制造与其原产地相似的微气候，它的叶片会长得鲜明艳丽，在任何环境中都能成为焦点。

需要什么类型的基质 理想的基质由沙子、黑土和堆肥构成。

适宜的光照和位置 蔓绿绒属植物需要光线充足的环境才能生长，尽管它们也适应阴暗的室内环境，但耐不住阳光直射。

如何浇水以及浇水的频率 夏季适宜每四天浇一次水，冬季适宜每周浇一次，最好每周对它的叶子和苔藓架子（若有的话）进行两到三次喷雾。

如何繁殖 通过用具有气生根的茎进行茎插来繁殖。

另外，“Philodendron”（蔓绿绒属）这个名字源自希腊词汇“phileo”（爱）和“dendron”（树木）。羽叶喜林芋为性喜攀爬树木的植物，因此，搭架子让它像在自然界中那样攀爬生长是一种不错的选择。

仙洞龟背竹（迷你龟背竹、仙洞万年青）

是一种热带植物，其叶片的颜色浓绿，极富魅力。这些叶片刚长出来时为完整的叶片，成熟后里面会有大小不等的圆孔。它是一种生长速度极慢的品种，可以长至 2 米，与其他龟背竹相比，植株显得很小。

需要什么类型的基质 理想的是疏松、多孔、肥沃的基质。黑土、堆肥、泥炭土和珍珠岩的混合物就很好。

适宜的光照和位置 这种植物喜光照明亮的室内或阴暗的室外环境，应尽量避免阳光直射。

如何浇水以及浇水的频率 无须大量浇水，但必须为它提供一个潮湿的环境。过度浇水会导致其叶子发黄。

如何繁殖 由于它具有气生根，因此可以在水中或直接在基质中通过含根的茎进行繁殖。

在它的自然栖息地中，其叶片上的孔隙能抵御狂风的侵害，风吹时会穿过这些孔隙而不损伤叶片。倘若你想把它放置在多风的室外，则应将其置于阴凉潮湿的环境中。

箭叶凤尾蕨

是非洲热带、亚洲和太平洋岛屿特有的蕨类植物，因其叶片的斑彩而极具观赏性。它的高度超不过 50 厘米，非常适合在室内培养。

需要什么类型的基质 蕨类植物的基质应为轻质，排水性良好，富含养分。这样的基质可以通过混合三份泥炭土、两份粗沙、一份肥料或完全成熟的堆肥获得。

适宜的光照和位置 更喜光照明亮或半阴的位置，避免阳光直射，适宜它们的最佳环境是温暖潮湿的，还应让它们远离会使空气干燥的热源。

如何浇水以及浇水的频率 通过毛细管浇水，将花盆（必须具有排水孔）放在一个装有水的盘子或托盘中。夏季每两至三天浇一次，冬季每周浇一次。

如何繁殖 在自然界中，如所有的蕨类植物一样，它是通过孢子繁殖的，你可以通过分株轻松地繁殖它（请参阅第 167 页）。

若我们将它们用作吊饰或挂于墙面的立式花园，能让它们更出彩。（图片见下一页）

室外品种

在自然界中，植物只在能够让其繁盛的地方发芽和生长。因此，每个地区都有自己特有的品种。了解当地原生植物和最能适应我们气候的植物，将帮助你拥有一个满是健康植物的阳台或露台。

我们总爱选择仙人掌和多肉植物，因为它们耗水量少且易于维护。它们是我们的最爱，因它们适宜栽培，冷热皆宜，还能很好地耐受霜冻。

你会发现一些植物和树木可以在花盆中种植，它们将使你的室外空间产生变化，营造出不同的景观层次和高度。借助那些植株较大的植物和中小型树木的庇护，你可以将植株较小的品种分组放一起，让它们能从其他较大植株的庇荫处受益，以免受雨水的直接冲刷。要获得有益于所有植株生长的微气候，分组摆放始终是关键，另外，它还能在视觉上产生震撼人心的效果。

冬季，阳光温暖，甚至有那么几天，风暴强烈、寒风刺骨，我们以为自己的植物会撑不住。它们看起来似乎无法存活，特别是看到狂风是如何拍打我们的露台或者感觉到夏天的毒日，或午间令人窒息的闷热让我们都提不起精神去阳台的时候。但是室外的品种很顽强，能禁受得住恶劣的天气。

尽管如此，让我们最喜欢的植物品种一直都充满生机并非不可能。作为优秀的园丁，我们只要栽培适宜的品种就好。

下面，你将看到一份包罗众多最佳室外植物的指南，包括我们的明星品种：仙人掌和多肉植物。

大鹤望兰（大天堂鸟、白花天堂鸟）

多年生草本植物，鹤望兰属，原产于南非。它的叶片硕大，且向两个方向展开，又有蓝紫色和白色的美丽花朵，极具观赏性。它所具有的热带气息，使它成为布置阳光充足的阳台和露台的理想之选。

若将它种在浅口花盆（宽口，盆口直径大于盆高）中，它会向两侧生长，形成非常醒目的一丛。

需要什么类型的基质 它更喜排水性良好的肥沃土壤，最好往基质里添一点黏土和沙子。

适宜的光照和位置 最好将它们放在阳光充足的地方，或者每天至少让它们晒三至四个小时的太阳，也可以将它们放在半阴的地方，但不要放在隐蔽处，因为如此会导致它们不开花。

如何浇水以及浇水的频率 在开始几年，需要经常给它浇水，至少每周一次。

如何繁殖 通过分株繁殖（请参阅第 167 页）。

它的花朵十分惊艳，形状极似鸟喙，因此，也被称为天堂鸟。

海芋（象耳芋）

它是一种原产自亚洲的热带植物，一年四季都有叶子。它的深绿色叶片硕大，呈卵圆形，富有光泽，还带有明显的叶脉，可作为观赏性植物栽培，它在室内和室外都生长得很好。在室外，最好是将它种在花盆里或土壤里，在这两种情况下，在冬季都必须保护它免受霜冻。

需要什么类型的基质 它对基质的要求不高，但必须是排水性良好的基质，使用我们用于栽培室内植物的基质即可（请参阅第 23 页）。

适宜的光照和位置 适宜放在明亮的室内或阴暗的室外环境中，其他植物无法生长的阴凉处对它是理想之选，要避免阳光直射。

如何浇水以及浇水的频率 每周浇一次水，每次要等基质变干再浇水。在室内，如果周围环境干燥的话，你可以用喷水壶给它喷水。

如何繁殖 分离底部长出的嫩芽或通过地下枝条扦插。切下至少包含一个芽的茎段，使其愈合一周，然后水平扦插至约 15 厘米深的土壤中。

要注意的是，它是一种毒性相当强的植物，不要让孩子触摸它。

蓝花楹属

是一种紫葳科乔木，寿命极长，长达百年以上。树高可达 15 米，且这种树易于播种，其种子也会自种，使得我们很容易在它处于幼龄植株时，在阳台和露台上栽培它。它的叶片鲜艳夺目，由 25 至 30 对小复叶叶瓣构成，呈浅绿色。这是一种光枝开花的乔木，也就是说，它开花的时候，叶子都已经完全脱落了，这就使它的花期更加繁盛了。有时，它的这种特性被误认为是叶早落；实际上，它不会在秋天落叶，仅仅是在春季开花之前落叶。

它的花朵娇艳，呈百合蓝色，果实扁平，一开始呈绿色，之后则转为木本色。果实里含有容易传播的具翅种子，它们极易发芽，通常在有蓝花楹属植物的地方周边都会发出几株来。

需要什么类型的基质 基质可由不同成分的构成，必须确保浇水时排水性良好，不积水，以免根部腐烂。

适宜的光照和位置 更喜阳光直射，且在它生长的头几年免受霜冻。

如何浇水以及浇水的频率 在它生长的前几年，需每周浇水，浇水量充沛它才能开花。

如何繁殖 它极易通过种子繁殖。

它的花朵娇艳，令人惊叹，是其最主要的特征之一。它的果实也极具特点，因其果实形状酷似响板，而在瓜拉尼语中称为“ka-í-jepopeté”，意为“猴掌芋”。

柑橘类果树（柠檬树）

通常所说的柠檬树是一种多年生小果树，其果实为柠檬。我们建议将它作为室外常备植物，单独或按组，与其他果树一起种植。若我们在花盆中种植它，则可将它放置在其他树木的树冠下，以便它受这些树木的庇荫，且免遭暴雨的影响。另外，种植柠檬树还可让你享用它的果实和它浓郁香甜的花朵香气。

需要什么类型的基质 用于柑橘类果树的基质，在市场上有售，可以将其与优质的黑土、沙子、泥炭土、堆肥和松树皮混合，自行配制。

适宜的光照和位置 它需要充沛的阳光，大约每天 10 小时，因此，阳光较强的露台或阳台是最适合它的。

如何浇水以及浇水的频率 每周浇一次水，水量充沛，等基质完全干燥后再浇水。

如何繁殖 通过插条或高空压条法（请参阅第 160 页）。

拥有柠檬树对你的城市花园来说是加分项，你可以将它用于制作果茶、饮品或给调味糖增添风味，还可以用它制作美白护手霜，自制化妆品。你还可以往自己最喜欢的乳霜里，加入鲜榨的柠檬汁和几汤匙糖，让乳霜既滋养又美白，加糖有磨皮的功效，可使你的双手更柔嫩细滑。

金橘（矮种柑橘树、中国柑橘树）

这种原产于中国的果树与柑橘的关系密切。常混用“金柑”一词来称呼它，导致无人使用这种果树的真实名称了。然而，“金柑”指的是一种球形的苦橙，而不是这种卵形的小柑橘。

需要什么类型的基质 使用肥沃且排水性良好的基质，它的根能入土很深，因此必须在大花盆或天然土壤中种植它。

适宜的光照和位置 它需要在阳光充沛的地方才能结果实，还得将它置于室内或者用防冻布覆盖住，以防霜冻。

如何浇水以及浇水的频率 需要湿度恒定的环境，每周都浇水。

如何繁殖 通过嫁接来繁殖，这得由经验丰富的园丁来做。

它的果实很香甜，可以用来制作美味可口的甜点和糖浆。

空气凤梨

空气凤梨是凤梨科（与凤梨和菠萝一样）品种最多的一种，在美国南部、中美洲以及南美洲的沙漠、森林和山区都有它们的踪迹。它们为附生植物，而不是寄生在其他植物上。

需要什么类型的基质 不需要特定的基质，因为在自然界中，它们依靠叶子和鸟类粪便中的有机物分解出的养分来生长。我们必须确保为其提供这种养分，将它附着在树枝或树干上，并在其中添加苔藓和泥炭土。

适宜的光照和位置 生长在室外，位于树木和灌木丛的半阴处。

如何浇水以及浇水的频率 冬季每三四天用喷壶喷水一次，夏季则每一天半喷一次，且每周将其浸入水（最好是雨水）中一次。

如何繁殖 它会在根部爆出嫩芽，可以通过分株轻松地将其分离。

它的花形奇特，呈深粉色；花朵的颜色极其耀眼，呈紫色。

松萝凤梨（西班牙苔藓、老人须、空气草或长须寄生藤）

这种凤梨科的附生植物在整个美洲，即从美国东南部到阿根廷的树枝上均有附生。它具有柔韧的藤蔓，叶片细长（长 2~6 厘米）且薄，这些叶片串在一起形成的结构可长达 2 米。

适宜的光照和位置 在室外会钩在一堆树枝上，位于树木、灌木丛的半阴处，也可生长在非常潮湿但阳光充沛的地方。

如何浇水以及浇水的频率 冬季每三四天用喷水壶给它喷一次水，夏季则每一天半喷一次。

如何繁殖 通过极易与植株的其他部分分离的茎段繁殖。

它的悬垂外观和本身所呈现的灰色使其外形十分独特，特别是在它随风摇摆时。

龟背竹

它是一种原产于墨西哥南部和美洲中部地区的热带雨林植物，在自然界中为附生植物，它攀爬在树木和其他植物上，并从空气中而不是从土壤中获得大量养分。它的叶片硕大，可长至近 1 米，这是它最大的吸引力之所在。这些叶子最初是完整的，之后随着生长会分成裂片。在其叶片的中脉附近常会生成孔洞，因为它的叶子形似肋骨，也常被称为“亚当的肋骨”。

它的观赏性极强，每个房间都应该有一棵，好在它在户外的阴凉处也可生长得很好。对露台或阳台的阴暗和潮湿处来说，它可以成为绝佳之选。而在它的荫蔽处，蕨类植物会生长得很好。

需要什么类型的基质 它的基质必须肥沃且排水性绝佳，可以在优质黑土的基础上添加堆肥和珍珠岩。

适宜的光照和位置 室外的半阴和阴凉处为最佳位置。而在室内，应该将其放置在环境明亮的地方，但不要让它暴露在阳光下，以免灼伤它的叶子。

如何浇水以及浇水的频率 一周浇一次水就够了，千万不要浇多使其积水！若在室内，用喷水壶每周给它喷一次水，尤其是在冬季。

如何繁殖 通过带气生根的枝条扦插繁殖（请参阅第 164 页）。

它在 20 世纪 70 年代曾风靡一时，现在再次开始流行起来。多少年来，它以自己富有雕塑感的叶子而闻名，是画家马蒂斯最喜欢的植物之一，他以龟背竹的叶子为灵感绘制了名画《束花》。

水生植物

可自己设计一个种满水生植物的“池塘”，假如设计得和谐，能将高矮不一的植物搭配在一起，如木贼属植物、布袋莲或茨菰，并用兵豆和槐叶苹覆盖水面。

如果这些植物在你所用的容器中长势很好，其模样应很有吸引力。若种植所用的容器能容纳得下的话，你还可以添一些皇冠草。这样，皇冠草本身或有某些兵豆相衬都会非常耀眼。在同一容器中按组搭配多个品种，对由这些植物所创的“微生态系统”的发展更加有利。

照料

• 将它们放置在太阳光照充足的地方。每天几个小时的日晒不会伤害它们，尤其是在天气寒冷的时候。每到春季和夏季，“池塘”中最为生气勃勃，光彩夺目。若在室外，则要遮蔽一下它们以免被霜冻，最好将它们放在走廊或者总有遮阴的室外。

• 去除枯萎和干燥的植物部分非常重要，还得确保“池塘”干净无腐。

• 若你发现“池塘”的水质腐坏或呈浅绿色，建议你清空容器之后进行清洗，然后小心地冲洗水生植物的根部。重新给“池塘”注满水后，再放入水生植物。

• 不用担心会滋生蚊子的幼虫孑孓等，因为它们只会在死水中产卵，而带有植物的“池塘”恰好能通过其根部来充氧。

• 这些植物对水能进行某种程度的净化，这也是宠物更喜欢喝“池塘”中的水，而不是它自己水盆里的水的原因。

布袋莲

是一种具有沉水根系的漂浮植物。夏季，它那淡紫色和蓝色相间的花朵遍布河岸，因此，我们选择它来给我们自制的“池塘”增色。

它需要阳光直射，不过它也能耐受半阴的环境，必须保护它免受霜冻。即便如此，它也会重新萌芽。在夏季，可以通过匍匐茎分离母株周围的芽来繁殖它。

浮萍

是一种形为叶状体的漂浮植物，也就是说，它的茎和叶很难区分。它在5℃~30℃之间生长得良好，且生长迅速，很多地方都用它来喂养牲畜。这种植物有改善水质的特性，它的繁殖方式通常是无性生殖，会在其边缘发芽，长成新的植株。（见上图）

槐叶苹

是一种小型的漂浮于水面的蕨类植物，茎分枝。叶片完整、扁平、呈毛茸状，形似手风琴，常作为一种释放氧气的植物来栽培。它的生长需要大量的光照，并通过分株来繁殖。

日本满江红（大赤浮草）

是一种漂浮于水面的蕨类植物，原产于美洲，具有卵形的小叶片，因下叶片比上叶片小而使它能漂浮于水面上，会单株或成丛漂浮，可通过分离萍体繁殖。若过度暴露于阳光下或寒冷中，它的颜色会发红。

大薸（水白菜）

是大薸属的唯一品种，是一种浮水草本植物，叶片厚实柔软，呈莲座状。它的叶片可长至14厘米，且布满茸毛。它原产于尼罗河流域，后被移植到美洲。可以通过分株繁殖，其株芽和母株由匍匐茎连接。

木贼属植物

通常被称为马尾草，是一种多年生灌木，具块状茎，生长在溪流、湖泊和潟湖岸边。它颜色浓绿，叶状体繁茂，由多个垂直茎秆组成，非常适宜用来遮挡池塘的边缘。

若在花盆中栽培，需要大量的水，所以，最好将它用作根植于水上花园的植物，它在阳光充足和不足的地方都可以生长。事实上，它通常都长在沿岸树木的荫蔽下。

红秆海芋

是一种生根植物，也就是说，在自然界中，它生长在溪流岸边，其根部沉入地下，但四周被水环绕着。若你想将它用于人工池塘，如用旧浴缸或锌铁皮桶制造的，你必须将它们种在塞满黏土质土壤的花盆里，并用石块等给花盆增重，以便能将它沉入水下。

与其他的海芋属植物一样，它花朵秀美，而紫红色的茎秆使它与众不同。它的叶子具有不吸水的特质，经研究已被纳入纳米技术中。这种海芋通过分株繁殖，也就是说，一棵植株会在母株周围生出许多新芽，每株都有根，通过分离这些芽株得到新的植株。

仙人掌和多肉植物

多肉植物和仙人掌因其质朴的风格和低成本维护而成为家养植物的理想之选，此外，这类植物还有环保作用，因为它们耗水量少。它们的形状和颜色各异，为我们的居所增色不少，有些还开有令人惊艳的花朵。尽管大部分仙人掌和多肉植物都适合在室外生长，但只要光线充足，很多也可以在室内生长得很好。

多肉植物是能在其内部储存水分的植物。它们中的绝大多数将水分储藏在叶片和茎中，也有一些品种会将水分储存在根部。这种适应性使它们能够维持长时间的水分储备，并在干旱和干燥的环境中生存。

大部分多肉植物原产于非洲，其余的来自中美洲地区。这些地区的降水量少甚至几乎没有降水，空气中的湿度极低。一般来说，它们都需要松散和排水性良好的土壤，还需要被摆放在光照充足的地方，还要防止雨淋，尤其是当它们幼嫩的植株被植于花盆中时。

所有的仙人掌都是肉质的，均属于石竹目仙人掌科。这种植物除了在自己的内部储水之外，在其生长变化的过程中叶子还会变成刺。

刺具有多种功能：它们可以保护仙人掌免受日晒，抵御捕食者的侵害，受阳光照射，刺上会形成小水滴而流向植物基部，然后被根部吸收。

石竹目仙人掌科的主要特征是生有刺座，它是一种会长出刺、芽和花朵的特殊结构。仙人掌是美洲特有的植物，我们可以在不同的地区看到它们，比如海边、沙漠、山区或者亚热带森林（若是附生类仙人掌的话）。和其他多肉植物一样，仙人掌也产自降水量少、温度高、湿度低的地区。

因此，当我们种植它们的时候要注意浇水量，过量或被大雨浸泡太久都是引起它们死亡的原因。

紫叶莲花掌（黑法师）

是一种灌木状的多肉植物，茎分枝，叶片聚合而成莲花型。根据品种的不同，莲花掌的叶片颜色范围从绿色到几乎黑色和发亮的缎紫色，独具吸引力。

需要什么类型的基质 它非常适合种植在土壤中和盆栽，但是在花盆中，其植株会显得紧凑且有限（生长迅速），盆栽用的容器能在冬季移至使其受保护的位置。在盛夏，莲状叶丛或多或少都会聚拢，说明它正在休眠期。

适宜的光照和位置 它很耐旱，喜欢阳光充足，但也能完全适应半阴的环境。在干燥的环境中和室内，它会生长得更好，但必须将它放在光线强的地方。

如何浇水以及浇水的频率 与大部分多肉植物一样，我们建议深层浇水，且一定要避免在基质中积水。它能受得住长时间的缺水，但在夏季，最好让它获得足够的水分。按照花盆的大小，最好夏季每三至四天浇一次水，冬季每周浇一次。

如何繁殖 通过枝条扦插繁殖。由于它的茎秆长，可将它切成几段，以获得更多的植株。

若它能得到充足的阳光，它的叶片会变得越来越黑。它能够很好地耐受住较低的温度，因此，在某些冬季气候温和的地区，可将它放在室外。夏季，它会经过一个短暂的休眠期，而在冷凉的季节，你会看到它猛然绽放，十分艳丽。

红缘莲花掌变种：艳日辉（石莲掌、红绿莲花掌）

原产于加那利群岛，这种多肉植物属多分枝的亚灌木状品种，叶片排列呈硕大的莲座状，叶面呈绿色至蓝绿色，因此，它又俗称为石莲掌或红绿莲花掌。它和长寿花都是既能抵御病虫害，又非常容易繁殖的多肉植物。花序呈乳白色，从莲座状叶丛的中心生出，其花期从冬季的后半期直至春季末。它的开花时间长，一旦干枯，就必须剪掉整个莲座状的叶丛，因为那一部分已经死了。

需要什么类型的基质 土壤需排水性好，因它喜欢水分稀少。若叶片起皱，就说明它脱水了。假如叶片脱落，则说明浇水过量了。

适宜的光照和位置 它在光照充足的环境中生长得很繁茂，但更喜半阴的环境。若光照充足，叶面的绿色会越来越浅，而叶缘的红色则会加深；在半阴的环境下，叶面的绿色则会更深。

如何浇水以及浇水的频率 待土壤完全干燥后再适度浇水，冬季减少浇水可促进开花。夏季可每周浇一次水，而冬季可每个月浇一次。

如何繁殖 一年中随时都可以剪掉莲座状的叶丛，通过茎插繁殖（请参阅第 164 页）。

艳日辉的叶缘呈粉红色，莲座状叶丛中心的叶面隐现出黄色，使它成为这一系列多肉植物中最具吸引力的品种之一。每日晒几个小时的太阳，能确保维持它的这些特色。反之，它的色泽就会开始变得暗淡。

多肉黑王子

是一种原产自墨西哥的杂交种，因其叶色由紫至黑而成为多肉藏家的最爱之一。

需要什么类型的基质 可在小花盆中栽培，若把它移栽到一个更大的花盆中，它的莲座状叶丛会长得更加硕大（直径甚至可达 25 厘米）。

适宜的光照和位置 为了保持叶片的深色，需要将它放在一个光线充足、略带阳光的地方，最好是在室外，它在冬季的耐受性极好。

如何浇水以及浇水的频率 浇水浇透，无论如何都要避免基质积水。它能耐得住长时间的干燥，但在一年中最热的时候，最好还是让它有充足的水分。

如何繁殖 可通过植株底部长出的新莲座状叶丛来繁殖，同样也可以通过扦插叶片繁殖（请参阅第 160 页）。

从它的莲座状叶丛的中心会长出花剑，开出的细小花朵呈红色束状。（见上页图）

花叶寒月夜

是一种多肉植物，其莲座状叶丛非常醒目，甚至可以长至 50 厘米高、50 厘米宽。从长茎上能长出叶丛，叶面呈绿色、浅绿色、黄色、灰色和粉色，十分艳丽！

需要什么类型的基质 土壤需排水性好、疏松，可每四个月加一次堆肥，每年都需更换基质。

适宜的光照和位置 它喜日照或半阴，以避免丧失它的特性。

如何浇水以及浇水的频率 它在冬季不休眠，一年四季都可每周给它浇一次水。

如何繁殖 通过茎插新长出的幼株繁殖。遗憾的是，这种莲花掌不能通过叶子扦插繁殖。

这是一种一次结实的植物：莲座状叶丛在开花后会死亡，而死亡的仅仅是长出花茎的莲座状叶丛，而不是整株植物。

大瑞蝶

是景天科拟石莲花属中的大型植株，因为它的茎可以长至 40 厘米而无分枝。

需要什么类型的基质 需土壤排水性好。因此，加入粗沙便于排水。也可添加堆肥，以助其生长得更好，花开得更加艳丽。它适合种在宽大于高的花盆中，因为拟石莲花属的根系横向生长得更多，且短时间内就能占据大部分空间。

适宜的光照和位置 从全日照到光线充足的半阴环境它都可耐受，在高温下也没问题，但是在低温下易受冻害，因此，若你居住的地区温度很低，那么，最好在冬季将它保护起来。

如何浇水以及浇水的频率 浇水时要避免伤到它覆有蜡质白粉的叶片，可以采用浸水法浇水。建议你夏季每五天给它浇一次水，冬季则每十天浇一次。和对待其他多肉植物一样，浇透即可但不要积水。

如何繁殖 通过茎插或分芽繁殖（请参阅第 164 页）。

拟石莲花属由法国植物学家奥古斯丁·彼拉姆斯·德·堪多于 1828 年命名，以纪念墨西哥植物学家阿塔纳西奥·埃切维里亚·依果多依。埃切维里亚陪同他游历了墨西哥及中美洲的北部，并绘制了上千幅植物插画，给法国人留下了深刻印象。

粉彩莲（古铜、驴耳或牛舌）

是我们的最爱之一，因为它能长出硕大而醒目的莲座状叶丛，叶面近乎古铜色，在阳光照射下能反射出类似金属的光泽。

需要什么类型的基质 采用栽培仙人掌和多肉植物的标准基质。如果你缺少某些配料，需记住将这类植物的基质弄成疏松多孔的，且不能积水。

适宜的光照和位置 更喜欢充足的光照，可以是早晨的阳光直射。因其所呈现的颜色令人惊艳，形态富有雕塑感，所以最适合放在阳台、露台和窗台上。如果将它们放在室内，光线必须特别充足，而且应靠近窗户。

如何浇水以及浇水的频率 浇水或者被雨水淋湿时要注意：不要让叶片凹处积水。最好将花盆放在一个盛有水的容器中，通过毛细管浇水。另一种方法是用水壶或敞口耳罐浇水，小心不要弄湿叶子。

如何繁殖 尽管它的叶片肉质肥厚，但通过叶扦插却长不繁茂。应掰取爆出的新芽来茎插繁殖。

随着植株的生长，要清除株底的枯叶。这些枯叶为害虫提供了藏身之处，而拟石莲花属植物不仅易受粉蚧的侵害，也是蜗牛和鼻涕虫的最爱。

月影

它和大部分拟石莲花属一样，都是墨西哥特有的植物。能长出高约 15~20 厘米的粉色茎，茎顶开出粉色和黄色的花朵，它的花期能从晚冬持续到春末。

需要什么类型的基质 不需要太多肥料，加一点点堆肥到该多肉植物的基质里面即可。

适宜的光照和位置 喜半阴。必须注意阳光直射可能让它被灼伤，尤其是在夏季。它是一种很敏感的品种。

如何浇水以及浇水的频率 浇水时要小心，不要淋湿叶片，不要给它喷雾或喷水。浇水必须适度，等土壤干透再浇水，冬季要尽量减少浇水。

如何繁殖 通过叶扦插、茎插和掰取株底的新芽来扦插繁殖。

许多拟石莲花属植物都具有肉质的苞片，这类似于花茎上的叶片。这些苞片和真正的叶片一样，可以用来扦插繁殖。

雪锦星（雪晃星、银晃星或白锦晃星）

植株全株披银白色茸毛，外观类似天鹅绒。

需要什么类型的基质 需要普通的基质，再加入沙子和堆肥（请参阅第 23 页）。

适宜的光照和位置 必须置于充足的阳光下，以使其叶色偏红，也可以放在稍微荫蔽的地方（在这些地方，它的叶色则会更绿）。

如何浇水以及浇水的频率 浇水应适度，要等土壤干透再浇水，不要淋湿叶片。冬季最好不要浇水。

如何繁殖 通过叶片和由母株长出的新芽繁殖。

不用修剪，建议去除枯萎的花茎。

特玉莲（特叶玉蝶）

叶形奇特，灰蓝色的厚叶形成莲座状的叶丛，长度约 4~7 厘米，叶片向上弯曲，而叶尖则向植株中心处卷起。

需要什么类型的基质 栽培仙人掌和多肉植物的基质。必须特别注意花盆的排水性，因为它不耐水，若与水接触过多就会烂根。建议控制浇水，且不要让它暴露在雨水中。夏季每五天浇一次水，而冬季每十天或每十五天浇一次。

适宜的光照和位置 能够透射阳光的地方是安放该植物的最佳地点，夏季炎热时应避免让它受到阳光直射。

如何浇水以及浇水的频率 完全耐受干旱较多的季节（仅会有一些叶片脱落），因此，只有等基质干透才需要浇水。

如何繁殖 通过叶扦插或掰取株底的新芽繁殖，必须等到新芽长到一个适当的尺寸（约为母株尺寸的 30%）才能掰取。

大约到夏末时，它会长出细长弯曲的花茎，竖立在植株上方。小花呈浓橘色，而花茎则为独特的玫瑰粉色。注意不要让它受到蜗牛的侵扰。

红艳辉（红辉炎）

是锦司晃和花之司的杂交品种。它的株呈莲座状，叶片多肉，满是短细的白色茸毛。花朵惊艳，呈耀眼的黄色和红色，如同小火苗般在花茎上开放，花期达一个多月。

需要什么类型的基质 它喜养分，因此添加和更换堆肥对它很有益。

适宜的光照和位置 它很适合在光线充足的室外生长，耐寒。

如何浇水以及浇水的频率 夏季每四天浇一次水，冬季则每周浇一次。

如何繁殖 它的长势非常迅速，会在茎底不断爆出嫩芽，可掰取这些嫩芽扦插。如果这些芽在种植前没有生出根，在扦插之前要等切口干透。

像大多数拟石莲花属植物一样，它低矮处的叶片通常会脱落，但总会从顶部长出新的叶片替换，可保持其莲座状叶丛的形态。

绿玉树（光棍树、绿珊瑚）

是非洲热带地区乃至印度特有的品种。它生长得非常迅速，若作为室内盆栽，它的长势会放缓；要是将它露天栽种，它则发展成灌木。

需要什么类型的基质 采用多肉植物的基质，以疏松且排水性好为宜。

适宜的光照和位置 夏季，要为它提供一个阳光充足的地方。可利用它植株的阴影，为其他植物庇荫：它是保护某些不喜阳光直射的品种的理想之选——这些品种的植株通常都很矮小，如拟石莲花属植物、绿之铃（即珍珠吊兰）和景天属植物。在冬季，位于绿玉树叶片下方的位置可使其免受过多雨水的侵扰。

如何浇水以及浇水的频率 冬季要减少浇水，在夏季则要适度浇水，可以等土壤干透再浇。像所有多肉植物一样，浇水一般冬季每周一次，夏季每四天一次。

如何繁殖 通过茎插繁殖。该植物含具有腐蚀性和刺激性的乳液，因此处理它的时候要格外小心。最好戴上手套，且在将手洗干净之前不要触摸双眼。

它看起来宛如雕塑，无论放在咱们居所的哪个角落都像一个活的艺术品。它在宽敞的起居室、卧室和客厅都能与环境相得益彰，将它制成苔玉、挂饰或盆栽，会给某些环境或走廊增色不少。

火祭之光（秋火莲）

是火祭锦的变种，该多肉植物会长出下垂的长分枝，叶片会变为深红，接受的阳光越多，叶色会变得越红。它的新芽极为有趣，可为不同的装点构图增添色彩，我们就喜欢把它用在立式花园和多肉花环上（请参阅第 206 页）。

需要什么类型的基质 栽培多肉植物的基质，也可以往里多加一点儿堆肥。

适宜的光照和位置 可以放置在半阴或全日照环境下，要让其开花需要充足的阳光。缺少光照会导致叶子的红色消退，然后再次变绿。它很耐霜冻，需把它放在通风良好的地方，以防止真菌的滋生。

如何浇水以及浇水的频率 基本和其他多肉植物一样，夏季每五天需给它浇一次水，而临近冬季时则要慢慢地把每次浇水的间隔拉长。浇水之前要确保基质已经干透，且浇水要浇透。

如何繁殖 它会在叶腋下爆出能脱落、扦插的新芽。尽管通过茎插和叶扦插也很好繁殖，但它的切口处会很快发芽。

它会生出一条小花梗，末端开满许多黄白色的小花。

红叶之秋（阔叶大戟、非洲牛奶树或生命之草）

原产于坦桑尼亚，它的茎和叶质地柔滑细嫩，非常有趣。像所有的大戟属一样，它的植株内部有可能具有毒性的汁液。

需要什么类型的基质 栽培仙人掌和多肉植物的基质，多孔且排水性好，可添加额外的粗沙以避免积水。

适宜的光照和位置 在直射光下栽培。在冬季气温接近零摄氏度的地区，它会有早脱现象的发生。它的叶片十分醒目，带有深色的小斑点，随着植株的生长，叶色会随着光线的增强而变红，它也能耐受半阴和室内光线良好的环境。

如何浇水以及浇水的频率 天气寒冷时少浇水，而在天气炎热的时候则适度浇水，不要积水。冬季最好是每十五天浇一次，而夏季则每周浇一次。

如何繁殖 通过茎插繁殖。

它的植株呈垂直状，为打造空间提供了理想的高度。在城市庭院中，甚至能达 3 米高，形成一个分叉不多的叶冠。

落日之雁（三色花月殿）

是花月的斑锦变种，是一种源于非洲大陆南部地区的物种，它在这一地区自然地生长。如今，它因具有极高的观赏性且易于打理，而在世界各地随处可见。它的锦化品种具有象牙色条纹，与叶片的绿色形成对比，使它看起来与众不同，极富魅力。它的叶色会随生长变化：最幼嫩的叶片为浅绿色，之后叶色渐渐变深直至发育完全；而老叶的颜色则酷似美玉。当它在阳光充足的地方生长时，我们会发现它的叶缘带有非常明显的紫色线条。

需要什么类型的基质 基质应排水性良好，在浇水之前必须要等其干透，因此，在基质混合物中加入足量的粗沙是关键。

适宜的光照和位置 建议每天让它的日晒时间为 3~6 个小时，以便它能开花。它还能耐半阴，可以将它放在室外任何地方，在室内，则要放在光线和生长条件好的地方。

如何浇水以及浇水的频率 夏季适度浇水，只要看到基质已完全干透便可再次浇水。而冬季则必须暂停浇水，在其他季节则每隔十五天或每隔一个月浇一次。切记浇水必须浇透，但不要积水。

如何繁殖 修剪对于植株的美观、繁殖和分枝至关重要。切记只对发育完好的植株进行修剪，这有助于它生长和爆出新芽。修剪下来的茎段可进行扦插，以获得新的植株。如我们第四章中所介绍，得让切口愈合。待切口愈合（大约一周）之后，就可扦插到栽培仙人掌和多肉植物的基质中。

它的特点是木质茎秆粗壮厚实，多分枝，短短几年就可以长至 1.5 米高，是用来制作精美盆景和苔玉的上乘之选。据说，它也由此具有象征财富的美好寓意。

胧月（风车草、宝石花、粉叶石莲花）

其叶色灰绿且披着白霜，非常漂亮，极富观赏性，适合收藏。它适宜光线充足的室内和免受霜冻的室外环境，且生长得非常迅速。

需要什么类型的基质 它的茎匍匐或悬垂。若需要将它移栽到一个更大的花盆中，最好在春天进行。这种植物非常脆弱，哪怕轻轻一碰，叶片都会脱落，所以移栽时要小心，不过，若掉了几片无妨。

最佳的光照和位置 它需要大量光照，阳光直射更好。若植株褪色或莲座状叶丛的叶片松散拉长，即表示需要光照，最好是将它放在阳光照射更多的窗户旁。

如何浇水以及浇水的频率 夏天要大量浇水，冬季保持干燥。必须注意不要让水分过多，否则会出现粉蚧。注意：如果它的叶或茎不那么饱满的话，可能是因为缺水；若它的株底有黑斑，则是因浇水过多而腐烂了。

如何繁殖 通过叶扦插、茎插和分株都可以轻松地繁殖它。

胧月为圆锥花序，小花星状，呈白色，在春季开花。

白牡丹

是由风车草属的胧月与拟石莲花属的静夜杂交培育而来的品种，其叶丛呈莲花状，叶面呈珠灰色，极为秀丽诱人。它繁殖能力强，可轻松地被繁殖。这弥补了我们每次触碰它时叶片会掉落的损失，因为它的叶片极易脱落。白牡丹具有极高的观赏性，既因它叶子所呈现的色调，也因它花期盛开的大量黄色花朵。

需要什么类型的基质 需栽培仙人掌和多肉植物的基质，再添加堆肥和粗沙，以利于排水。

适宜的光照和位置 它需要大量光照，甚至更喜阳光的直射。若莲座状叶丛“拉长”、叶片松散，就意味着需要更多的光照了，要将它放在阳台或花园中光线最好的位置；而在室内，只有在光线特别好的地方它才能存活。

如何浇水以及浇水的频率 浇水时，要避免淋湿叶片，否则会损伤叶片上覆满的蜡质白粉（粉霜），导致叶片腐烂。夏季每五天给它浇一次水，冬季则每十五天浇一次。不要让基质积水。

如何繁殖 它是通过叶片繁殖的最佳典范，尽管它也可通过茎繁殖。若其株形变形，是因为它往往会卧倒，茎部裸露，使它的形态黯然失色。可将它的茎切成 5 厘米以上的茎段，然后重新种植以维持它的观赏形态。

它的花朵呈钟状，花冠呈橘黄色，内有多枚雄蕊。

唐印（牛舌洋吊钟）

原产于南非，具有灰绿色的圆形叶片，全株覆满厚厚的白粉。叶缘发红，颜色深浅不一，日晒越多，颜色就会越深。

需要什么类型的基质 在自然界中它生长在多岩地带，因此，我们建议使用栽培仙人掌和多肉植物的基质，孔隙多，排水性良好。

适宜的光照和位置 它是一种在室外生长得非常顽强的植物，十分适合放在光照极强的地方。在室内，只能在光线十分充足、阳光能照射到的地方生长。

如何浇水以及浇水的频率 像其他大部分的多肉植物一样，唐印不宜浇水过多，否则会导致叶片和根很快腐烂。建议夏季每周给它浇一次水，冬季则每十五天浇一次。

如何繁殖 通过茎插或叶扦插（必须包含一片叶片），或者掰取由株底爆出的嫩芽扦插繁殖。

唐印在其原产地于春季开花，在它的种子随风传播之前，花朵会持续开放一年。

翡翠景天（玉缀、玉串、玉珠帘）

玉缀呈匍匐下垂状，是一种在任何角落都十分耀眼的多肉植物。它的长茎上密布着圆形叶片，其肉质肥厚，叶端尖，呈青绿色。它生长迅速，若室内光线非常充足，可作为室内植物栽培。

需要什么类型的基质 透气好的基质，避免积水，因为它的根系浅。

适宜的光照和位置 在光线非常好甚至全日照的地方，只要阳光不灼热即可。

如何浇水以及浇水的频率 该植物的弱点是排水不佳很容易造成根部腐烂。浇水过多的典型症状是叶子开始枯萎，失去了颜色，直至脱落。建议夏季每周给它浇一次水，冬季则每十五天浇一次。

如何繁殖 通过茎插繁殖。一年四季任何时候都可通过叶扦插繁殖，但这样会比较慢。必须等插枝愈合之后，再将其扦插到基质中。

我们在摆弄玉缀时，它的叶片很容易脱落，不用在意掉落在基质上的叶片，它们会自己在那里生根，而光秃秃的茎则不会再长出新叶来。它的花朵成束出现，呈星星状，颜色由深粉变为红色。

仙女之舞（玫叶兔耳）

它的原名 beharensis 源自马达加斯加南部的贝哈拉（Behara），即其原产地，是株形较大的伽蓝菜属植物，可长至 3 米高。

需要什么类型的基质 用于栽培多肉植物的基质，还需换盆，以促进它的生长。

适宜的光照和位置 它喜欢阳光之下或半阴的环境，不耐 7℃以下的霜冻。

如何浇水以及浇水的频率 春季和夏季应大量浇水，冬季减少浇水。

如何繁殖 通过茎插繁殖，也可以将叶片浅埋入基质中来繁殖。

它的叶片有的呈橄榄绿色，带细茸毛似天鹅绒布，有的则是两面均呈烤焦了似的棕褐色或青色。像大多数伽蓝菜属植物一样，它一般不受虫害的侵扰。

筒叶花月（吸财树、玉树卷）

是景天科青锁龙属最稀奇的品种，绿叶呈筒状，当天气转冷时，其凹进的叶尖就会变红，本图为其出锦品种"咕噜姆"。

需要什么类型的基质 添了沙子的用于栽培多肉植物的基质（请参阅第 23 页）。建议不要用太矮的花盆来栽培它，因为它的叶片往往很重，若用小花盆，随着叶子的逐渐生长，很可能会让花盆翻倒。

适宜的光照和位置 它是一种在室外生长得非常顽强的植物，在室内也很易于生长。可将它放在向阳的地方或者光线明亮的隐蔽处，它在有阳光的地方会长得更好，但不能是正午的阳光，因为那会让叶色变黄。

如何浇水以及浇水的频率 它只需极少量的水分。夏季每周浇一次水即可，冬季则几乎无须浇水，浇水过量会起反作用。若缺水，它的叶片会开始起皱。

如何繁殖 可以通过茎和叶的扦插繁殖，且不论因何故而掉落的任何一片叶子都会自己生根。

因它的造型似雕塑一样，所以经常将它用在玻璃景观容器中进行造景。

大叶落地生根（宽叶不死鸟、宽叶落叶地生根）

它是景天科最顽强坚韧的一个品种——伽蓝菜属，冬季开花，且花期一直持续到春天。

需要什么类型的基质 它适应任何类型的土壤，无论生长在什么角落，只要有一丁点土，它就能长起来。

适宜的光照和位置 它适应光线充足的室内环境，但是不需要长时间的阳光直射。

如何浇水以及浇水的频率 少量浇水，也不要给它喷水。如果想要弄湿整棵植株以清除灰尘（或出于其他任何原因），建议将整个花盆稍微倾斜，以使叶片凹陷处的水流出来，因为叶片积水可能会导致烂叶。

如何繁殖 它的某些繁殖方式很奇特：其叶缘会长出许多不定芽，一经飞落于地便扎根繁殖。它的根入土便会生成新的植株，因此又被称为“落叶生根”，它在花盆里或房檐下能随意生长。

本图中的锦蝶是大叶落地生根的升级版，但是锦蝶的叶子为细长的棒状。它又叫棒叶落地生根、棒叶不死鸟，它们的株高能长至达 1 米。冬季，它们会凑出花茎，形成硕大的粉色伞形花序，其花期很长。

玉吊钟锦（蝴蝶之舞锦）

它的杂色种最吸引人，因其叶色混合了灰绿色、白色和类似荧光的粉红色。

需要什么类型的基质 栽培多肉植物的标准基质。不用添加肥料增肥，因它是非常坚韧的植物。

适宜的光照和位置 它原产于阳光充足的热带地区，能很好地耐受霜冻。尽管它也作为室内植物生长，但要注意将它放置在家里光线最好的地方。

如何浇水以及浇水的频率 夏季定期浇水，天气更冷时，要将浇水的间隔时间拉长。

如何繁殖 通过叶片开口处爆出的子代繁殖，也可通过茎插繁殖。

它可长至 30~80 厘米，叶片排列凌乱，因此最好定期修剪它，以维持它的形态并生出新的植株。

褐斑伽蓝（月兔耳）

全株灰白色，密布着茸毛，在其锯齿状的叶缘上有褐色斑点。它生长缓慢，能在此雀屏中选的原因是它的叶片而不是花朵。其出锦品种有巧克力兔耳（也叫黑兔耳）。

需要什么类型的基质 使用栽培仙人掌和多肉植物的基质即可。适合每一年半更换一次基质，这样就无须施肥了。

适宜的光照和位置 它喜欢阳光充足。得益于自身所带的茸毛，它非常耐受日照，但不喜温度低于 8℃，因此，冬季适合将它置于室内或安全的地方。

如何浇水以及浇水的频率 为耐旱植物，只需每周适度浇水一次即可，冬季可以每两周浇一次。

如何繁殖 通过茎插或叶扦插繁殖（但扦插生根缓慢）。

它往往不会受病虫害的侵袭，其变种巧克力兔耳和它很相似，但是，变种的叶缘周围呈棕褐色，叶尖则几乎呈黑色。可以营造出一种氧化色的效果，特别受多肉藏家的喜爱。

长寿花（矮生伽蓝菜、燕子海棠或红花落地生根）

是一种非常具有观赏性又易于栽培的植物。通常，我们会在春天到来时，在苗圃里看到它，其花朵盛放，五彩缤纷，株高可达 30 厘米。

需要什么类型的基质 适合在花盆中采用排水性良好的标准基质种植。

适宜的光照和位置 这种伽蓝菜属植物须光线要好，甚至是阳光直射。若日照不足，其花朵可能会褪色。而天气寒冷时，它的叶子会发红。

如何浇水以及浇水的频率 在开花前和开花期间，应大量地浇水；其他时间则应适度浇水，等土壤干透再浇。要确保在叶底和幼苗中心都没有积水，以免滋生真菌。

如何繁殖 一年四季均可通过茎插繁殖。

它的花可呈白色、黄色、橙色、红色或粉红色，根据品种的不同，可以是单花瓣或双花瓣。花期之后，最好剪掉干枯的花茎和一些叶子，以使植株恢复活力，如此则会生长得更旺盛。天气潮湿的时候，要小心蚜虫。

仙人之舞（天人之舞）

它的叶片看起来像铜勺，在发育初期，叶面正面呈铜红色，背面则呈灰绿色。之后，随着叶片的发育，叶面的正面会呈现出极为醒目的灰色，与幼嫩叶片的铜红色形成了鲜明的对比。它的俗名完美地呈现了这种植物的形态和颜色。

需要什么类型的基质 它是一种极顽强的植物，可以在各类基质中生长，只要该基质的渗透性和透气性良好即可。不建议在积水或太过压实的基质上栽培它，因为这会给它的根系造成致命的伤害。

适宜的光照和位置 不建议将它置于经过透射的阳光或半阴的环境下。该品种也可在光线明亮的室内栽培，尽管这样它很少会开花。若冬季温度低于 5℃时就要注意，因为这会导致它烂根和落叶。它能耐受 35℃以上的温度，但不耐霜冻。

如何浇水以及浇水的频率 等基质完全干透再浇水。夏季每周浇一次水，冬季则每十五天浇一次。

如何繁殖 通过茎插或碎叶繁殖，极易成活。应采用幼嫩的茎扦插，以便更快地生根。

在该品种生长的过程中，常见它仅在茎的顶部有叶片，而其余部分则裸露在外，有老叶留下的疤痕。

松鉾（巴伯顿千里光）

这款千里光属植物状似掸子，很适合被制成花束，其圆柱形的细长叶簇生，呈深绿色。像所有千里光属植物一样，它具有典型的"蓬蓬"花，呈黄色，略带清香。

需要什么类型的基质 基质应掺入大量的珍珠岩和粗沙，并进行疏松且排水性良好。

适宜的光照和位置 在室外，应将它置于四季充满阳光且光线非常充足的地方，室内则不利于它生长。

如何浇水以及浇水的频率 不宜过多地浇水，春夏两季每周浇一次，秋季每十五天浇一次，冬季几乎不用浇水。它十分耐干燥，在天气寒冷时不宜浇水。

如何繁殖 通过茎插繁殖。

另外，随着植株逐渐变老，其茎的下部将裸露在外，无叶片覆盖。但是在大花盆或土壤中，它甚至能长至 1 米高。因此，它往往会弯曲或断裂。

你也可以剪切茎段来繁殖它，母株会再次发芽的。

悬垂千里（垂玉、玉垂千里）

是一种菊科的匍匐或悬垂多肉植物，广泛用于室内装饰。

需要什么类型的基质 它是一种非常耐寒的植物，几乎适应所有类型的基质，多孔的用于栽培仙人掌和多肉植物的基质可以让它生长得更好。

适宜的光照和位置 天气凉爽时，它喜欢日照充足。夏季，我们应将它置于半阴的环境中，以免被灼伤。若它生长在特别阴暗的环境中，则可能会落叶、生长脆弱或不均衡（黄化），垂饰花盆能完美地展现出它的风采。

如何浇水以及浇水的频率 它完全耐得住漫长的干旱，因此我们建议等基质完全干透再浇水。冬季减少浇水以免腐烂，夏季宜每周浇一次水。

如何繁殖 用 10 厘米长的茎扦插，待其干燥，扦插之后会迅速生根。

每根茎可长至 60 厘米以上，并分成 5 条以上的分枝。所有的茎均为浅绿色，但在较老的部位则呈棕褐色。

紫弦月（黄花新月）

通体近乎呈紫红色，叶片为泪滴状，非常艳丽耀眼。冬季会开出黄色的小碎花，与其叶片形成对比。

需要什么类型的基质 基质必须有很多孔，不应积水或持续湿润，以免它埋得极浅的须根腐烂。

最佳的光照和位置 它喜光，若日照少，就会变绿。

如何浇水以及浇水的频率 它不喜水多，最好保持基质干燥，天气炎热时，每周浇一次水；天气寒冷时，每两周浇一次水。

如何繁殖 通过分株繁殖，它也会长出具有匍匐茎的茎段，可靠掰取扦插。

它是一种匍匐生长的多肉植物，我们通常见到它都是作为垂饰，因为它在地面的生长会具有侵略性。我们可以用它为我们的布置和玻璃观赏容器添点色彩和垂直设计。

弦月（豆角佛珠、欢乐豆）

它的生长缓慢，呈青绿色和浅灰绿色，叶片状似小香蕉。

需要什么类型的基质 用于栽培多肉植物的基质。建议每六个月要部分或全部更换一次基质，以促进它的生长。

适宜的光照和位置 可在光线非常充足的室内栽培，若在室外，经适当的日晒，且避免夏季正午的日照时间，会生长得更好。

如何浇水以及浇水的频率 春夏季浇水，且每次都等土壤干透之后再浇水。之后应逐渐减少浇水，到了冬季应暂停浇水。

如何繁殖 通过扦插茎和匍匐茎，还有分株繁殖。

它最长可长至 3 米或更长，如同鲜活靓丽的绿色蔓帘。它的花朵小巧，如果仔细观察，就会看到组成其花序的白色小绒球。

绿之铃（珍珠吊兰、翡翠珠）

原产于南非，其细长的茎上生长出一串串的小珠子，这些“小球”实际是似储水仓的叶子，可在干旱期供给这种植物水分。叶子上有一条几乎半透明的薄横带，使光线可以到达其内部组织（进行光合作用）。

需要什么类型的基质 在盆宽大于盆高的花盆里栽培它，因为它的根是较浅的，基质必须多孔且排水性好。

适宜的光照和位置 它最适宜半阴环境，不喜欢阳光直射（会被灼伤并开始发黄），在光线良好的室内则生长得非常好。它在冬季休眠，因此生长得缓慢，而我们都是在天气暖和时看到它生长发育的。

如何浇水以及浇水的频率 适度浇水，每周等土壤干透了再浇水。夏季可每隔三天或四天浇一次，尤其是在天气最热的那几周。

如何繁殖 剪下茎段，将其插入新基质中，如此很容易生根。

它是我们极钟爱的悬垂型多肉植物。我们总是将它用作其他品种的填充，纳入我们的玻璃景观容器和布置中。它的花朵小巧，直径约 7 毫米，呈白色，看起来像白色的绒球，散发出类似肉桂的香气。

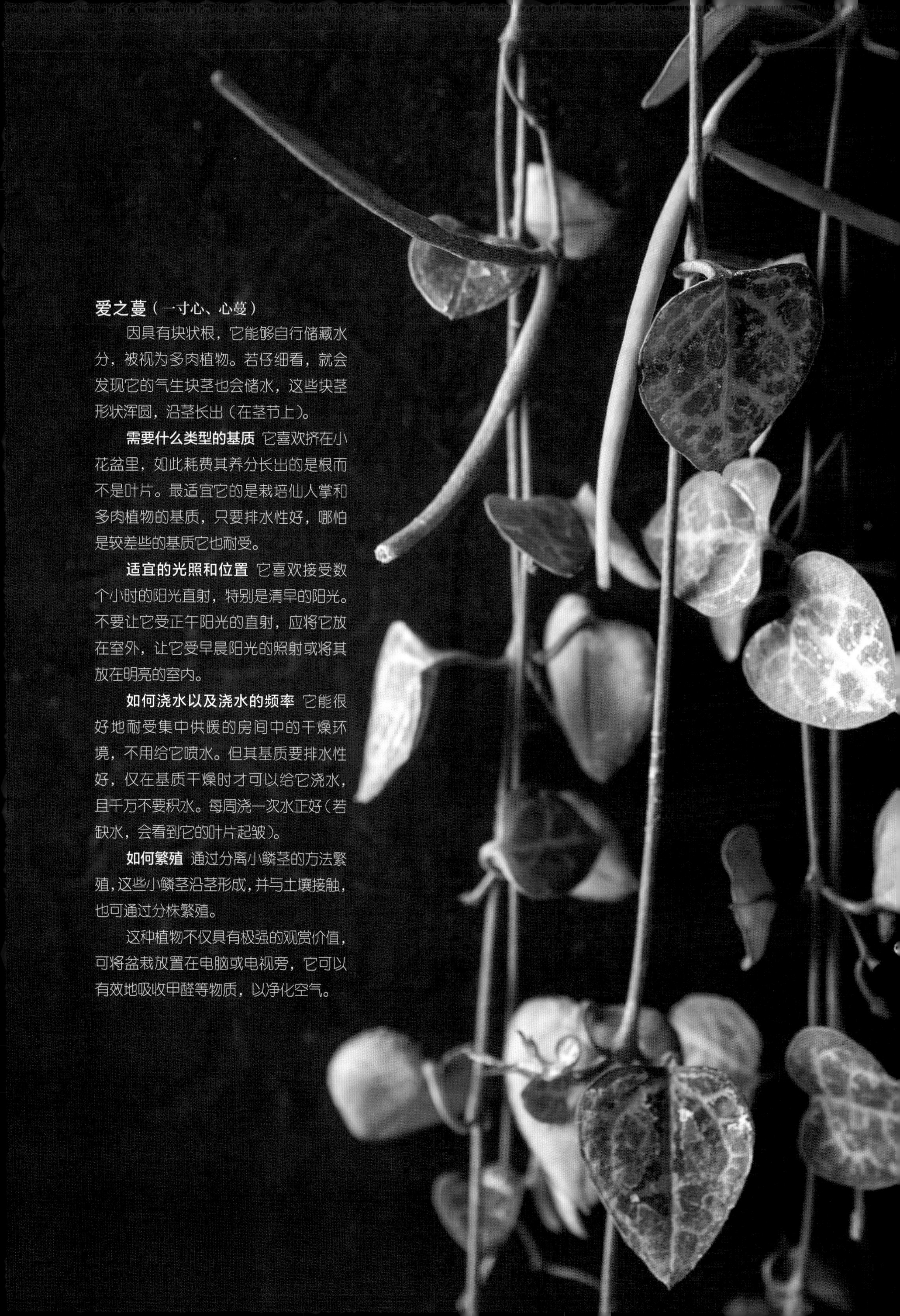

爱之蔓（一寸心、心蔓）

因具有块状根，它能够自行储藏水分，被视为多肉植物。若仔细看，就会发现它的气生块茎也会储水，这些块茎形状浑圆，沿茎长出（在茎节上）。

需要什么类型的基质 它喜欢挤在小花盆里，如此耗费其养分长出的是根而不是叶片。最适宜它的是栽培仙人掌和多肉植物的基质，只要排水性好，哪怕是较差些的基质它也耐受。

适宜的光照和位置 它喜欢接受数个小时的阳光直射，特别是清早的阳光。不要让它受正午阳光的直射，应将它放在室外，让它受早晨阳光的照射或将其放在明亮的室内。

如何浇水以及浇水的频率 它能很好地耐受集中供暖的房间中的干燥环境，不用给它喷水。但其基质要排水性好，仅在基质干燥时才可以给它浇水，且千万不要积水。每周浇一次水正好（若缺水，会看到它的叶片起皱）。

如何繁殖 通过分离小鳞茎的方法繁殖，这些小鳞茎沿茎形成，并与土壤接触，也可通过分株繁殖。

这种植物不仅具有极强的观赏价值，可将盆栽放置在电脑或电视旁，它可以有效地吸收甲醛等物质，以净化空气。

松之雪（条纹蛇尾兰、条纹十二卷）

它与鲨鱼掌属植物和芦荟属植物相似，极为坚韧，不需要太多的日照和水分。它也是无茎的，莲座状叶丛的直径可达 10 厘米。

需要什么类型的基质 栽培仙人掌和多肉植物的基质，再添加些粗沙以促进排水。

最佳的光照和位置 它在室内生长得特别好，要求半阴，以使它总是保持绿色并快速生长。若被放在阳光充足的地方，它的叶片可能会变成红色或橙色，且生长缓慢，不过如此更具观赏性。若它的叶尖干燥，那是因为日晒过多所致。

如何浇水以及浇水的频率 它所需的水分极少。给它浇的水要比给其他多肉植物浇的水更少：夏季每十天浇一次，冬季则暂停浇水。

如何繁殖 用母株株底凑出的子代很容易繁殖它。小心地将这些子代分开以便断根，然后将它们移栽到其他花盆中以产生新的植株。

它从莲座状叶丛的中心发出一条花茎，上面的花序太小，以至于经验不足的园丁常常会忽略它们。

狐尾龙舌兰（无刺龙舌兰、翠绿龙舌兰或翡翠盘）

是一种龙舌兰科的多肉植物。原产于墨西哥，和其他的龙舌兰一样，其特点是叶片柔滑、无刺，呈青绿色。其他非常受欢迎的变种有蓝色龙舌兰、金边龙舌兰和美国龙舌兰，它们通常在沿海地区生长，其叶片边缘为黄白色。

需要什么类型的基质 通常我们都是见它生长在土壤里，但也可在花盆里栽培它，不过，这样会让它的生长变得更为缓慢。最适宜它的是栽培仙人掌和多肉植物的基质，可另添加些粗沙。

适宜的光照和位置 它需要待在光线明亮的地方。尽管该变种偏爱略经透射的阳光，实际上所有龙舌兰品种都能耐得住全日照。若在阴凉处种植龙舌兰，它将生长缓慢并可能死亡。

如何浇水以及浇水的频率 它能耐受干燥贫瘠的土壤，若土质良好，定期浇水，它会生长得更好。因此，建议你使用栽培仙人掌和多肉植物的基质，特别是在盆栽时。

如何繁殖 通常采用分株法，也可通过种子繁殖。

它一生只开一次花，开花之后就会死掉，这种特征被称为单次繁殖。

虎尾兰（虎皮兰、锦兰、千岁兰或岳母舌）

其主要品种有金边虎尾兰、银脉虎尾兰等，是最适宜阴凉和室内环境的多肉植物之一，它能耐受干燥的环境，即便忘记浇水、多年不移栽和病虫害对它影响也不大。

需要什么类型的基质 只有在花盆已容不下植株根或看到有根从盆底排水孔冒出时才换盆。最适宜它的是栽培仙人掌和多肉植物的基质，尽管它也能耐受条件更差的土壤，只要不浇水太多即可。

适宜的光照和位置 你可以一直将它放在室内，只要能让它接收一点自然光即可，哪怕是间接的。

如何浇水以及浇水的频率 若将它放在室外，要确保它不会因雨淋而积水，栽培它的花盆必须有排水孔。若发现虎尾兰的底部变成棕色或变软，就说明浇的水有些多了。要是同时将它与其他植物置于花几上，要单独给虎尾兰浇水，但比给其他植物浇的要少得多。

如何繁殖 可掰取株底抽出的新芽，再将它扦插在花盆中以获得新的植株。也可将叶片切成 5 厘米长的碎片，待其切口晾干之后扦插到排水好的基质中，以获得新的植株。将扦插好的叶片放在温暖的地方，等几周后，就会看到根茎和新芽从这些叶片的基部生长出来。

它不常开花，实际上，它会生出一簇簇星状花朵，呈白色。它主要在秋冬两季开花，要是在室内栽培，就不会开花。在室外栽培的虎尾兰可能会受到强烈的日晒，尤其是在高温下，会导致其叶片顶端褪色。若遇到这种情况，可用剪刀将其叶片的尖端裁剪成剑形。

犀角属：大花犀角、王犀角或杂色豹皮花

它们的俗称为海星花或臭肉花，均为豹皮花属，其特色是花形奇特，宛如海星，有五角；在该属中很独特，其花朵直径可达 5~40 厘米。按照品种的不同，其花朵的颜色、大小和质地也会有所不同：杂色豹皮花的花朵直径可达 8 厘米，呈乳黄色，带紫红色斑纹，能让人联想到豹皮的花纹。其变种大花犀角的花朵直径可达 15 厘米，呈深紫红色，且披茸毛。另一变种王犀角的花盘直径则可达 40 厘米，花瓣硕大，呈乳黄色，带有红色凹纹，且完全被浓密的茸毛覆盖。

需要什么类型的基质 需要排水性好的基质，建议使用栽培仙人掌和多肉植物的基质。

最佳的光照和位置 最好将它放在室外或光线非常充足的室内。在室外，最好让它接受经透射的日照。应将它放在干燥通风的地方，因为它对过度湿润的环境尤为敏感。

如何浇水以及浇水的频率 寒冷时，它们的枝干会变红、起皱。它们在冬季休眠，因此应让其保持几乎干燥的状态，每二十天左右浇一次水，并保护其免受雨雪的侵袭。夏季每五天浇一次水，当秋季开始后，要开始拉长浇水的间隔时间。

如何繁殖 等茎段切口完全干燥后进行扦插繁殖。

它靠昆虫传播授粉。这是因为它的花朵气味独特（腐肉味），会吸引大量的绿豆蝇和其他昆虫。

秘鲁天轮柱变种：鬼面

你会发现，在苗圃它也被称为乌拉圭天轮柱和鬼面角。关于它的原产地仍未有定论。据说，它原产于秘鲁或乌拉圭地区，而在南美洲的其他地方，如阿根廷和巴西也能找到它。在它的自然栖息地，它可长至 15 米高，它的栽培株最高也可达 8 米。植株呈青绿色，随着它的生长，其颜色会变得偏灰绿些。

需要什么类型的基质 需要提供能让它生长的空间。为了优化它的生长和基质的排水性，花盆必须装有大量有利于排水的沙子和石子。

适宜的光照和位置 将小植株放在半阴下，若是大植株（高度超过 1 米），可以耐得住全日照。

如何浇水以及浇水的频率 夏季每周浇一次水，之后随着天气的变冷，浇水的间隔时间变长了。浇水量要大，但从秋季中段至冬末都不要浇水。

如何繁殖 通过茎插繁殖，效果绝佳。

鬼面是秘鲁天轮柱的变种，而天轮柱若在土壤中栽培，经年累月，其枝干会发生变异，一棵植株上会生出两种不同的变种。长至 5~6 年之后，它会开花，且仅在夏季的夜晚开花，花朵呈白色钟形，是植物界最美的花朵之一。为了预防潮虫鼠妇的侵蚀，要常用大蒜酒精喷洒。

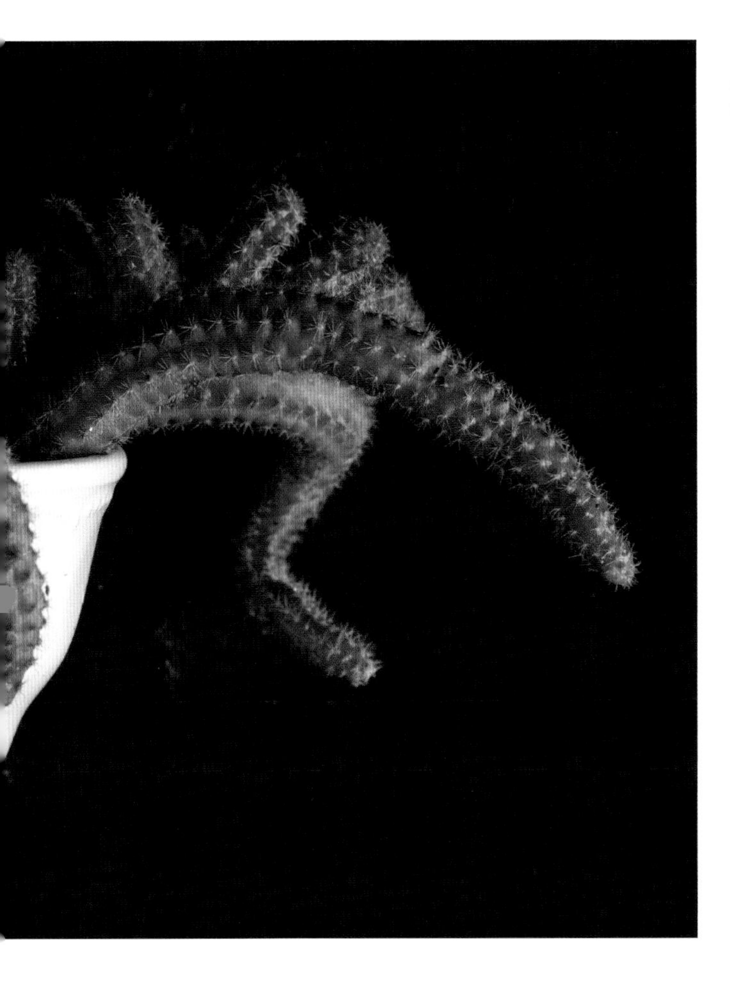

白檀柱（白檀、葫芦掌）

它们是可高达 15 厘米的小仙人掌，形成宽度达 50 厘米的仙人掌丛。原产于阿根廷的北部，被广泛运用于制作盆栽，或用来覆盖花园内对维护要求不高的区域。

需要什么类型的基质 用于栽培仙人掌和多肉植物的基质。为凸显其茎秆的颜色，可在基质表面铺一层白色或浅色的石块。它的根短，布于土壤中的浅层，因此建议在低矮的花盆里种植，因为它的生长是横向而非向上的。

适宜的光照和位置 它需要大量的光照，在室内反而生长得不好，室内过于阴凉，会使它的茎产生避荫反应而过度生长：茎尖发生卷曲，刺减少。

如何浇水以及浇水的频率 夏季每周浇一次水，冬季则每个月浇一次。

如何繁殖 待它长到一指宽时，就会生出子球，这些子球极易脱落，可掰取它们来繁殖，它们很容易生根。

它是一种蔓生带刺的仙人掌，植株向下倾斜是该品种的特性，不宜用架子支撑。当夏季到来时，你可以好好地欣赏它鲜红色的花朵。

锯齿昙花（角裂昙花、鱼骨令箭）

它的底部通常为木本，并从其中分出扁平而有裂片的茎（形似锯齿）。随着它的生长，茎会向下倾斜，直至悬垂，因此建议将它种在垂饰花盆中。若靠近墙壁，通常都会将它挂起来。

需要什么类型的基质 在自然界中，它是一种附生的仙人掌；在家中，我们必须在排水性好、掺有堆肥和几片树皮的基质里栽培它。

适宜的光照和位置 它喜欢半阴，我们最好能模拟制造出它自然栖息地的环境，将其放在灌木、矮树或者藤架的下方。

如何浇水以及浇水的频率 夏季每周浇一次水，冬季则减少为每个月浇一次。

如何繁殖 通过茎插繁殖，该品种常会生出气生根。

它在夜间开花，花朵极美，还散发出浓郁的香气。

疣粒仙人掌

它是石竹目仙人掌科体形最大的仙人掌品种之一，因不具主叶脉而与众不同。株体由锥形、筒形、金字塔形或圆形的块茎组成，因而被称为疣，它可以单生或呈放射状对称生长。

需要什么类型的基质 栽培仙人掌和多肉植物的基质即可，另外添加珍珠岩和沙子，进一步促进排水。

适宜的光照和位置 一定不要让它缺少阳光直射，否则，它将无法正常生长。在寒冷的地区，必须将它放在室内明亮的地方，比如窗户附近。强烈建议不时地转动它，以便光线能均匀地照射到仙人掌的四周。

如何浇水以及浇水的频率 它非常耐干旱。夏季建议每周浇一次水，其余时间每隔十天或十五天浇一次，冬季则要暂停浇水。

如何繁殖 通过茎插或分离子球繁殖，但必须等子球长到一定的尺寸才行。倘若子球尚小就分离，它往往不会存活。

多数品种都会开白色、黄色、红色或粉红色的小花或尺寸中等的花，经过授粉会变成果实，为扁圆或细长的柔软莓果，颜色油亮鲜红。收集你专属的疣粒仙人掌藏品，你会在苗圃中看到各种各样的疣粒仙人掌。

万重山

它所呈现的浓绿色随着生长会变成蓝色，极具吸引力的外观使它无论是在花园还是在阳台都极富观赏性。它那令人惊艳的花朵在夜间绽放，绝对是一场值得用相机记录下来的视觉盛宴。因此，我们在它的花筒露出来的时候就得多加注意了。

需要什么类型的基质 重要的是土壤排水性要好（其根部容易腐烂），为此，我们可以准备一些植物专用土、粗沙和泥炭土混合使用。春夏两季每月用仙人掌和多肉植物的肥料施一次肥，而在初春，则用一点点有机物施肥，这将会促进它们的生长和开花。

适宜的光照和位置 它喜全日照，但也能适应在半阴或在室内靠近窗户的地方生长。不应将它暴露于7℃以下的环境，尽管土壤干燥，它也可耐受轻微的霜冻。要记住，它会在冬季休眠，所以在每年的这个时候最好不给它浇水。

如何浇水以及浇水的频率 春季适度浇水，夏季则要等土壤干透再浇水。在秋季中旬开始减少浇水，冬季则不浇水。

如何繁殖 通过茎插繁殖，它留在基质里的底部和剪取完枝条的顶部也会再次发芽。

它们可在花盆、露台和庭院里生长，作为室内植物栽培也不错。它的主要敌人是扁平粉蚧和根粉蚧，要避免浇水过多。

团扇仙人掌（梨果仙人掌、胭脂仙人掌、兔耳掌或刺梨仙人掌等）

该仙人掌属的品种众多，包括不同尺寸的植株。有仅 10 厘米长的团扇仙人掌，也有灌木状，甚至是乔木状的团扇仙人掌，其树冠和树干一起，尺寸可达 30 米！它最有名的变种是梨果仙人掌和黄毛仙人掌。

需要什么类型的基质 用栽培仙人掌和多肉植物的基质，尤其是用盆栽种植它的时候。在天然土壤里，它对基质质量的要求不高，但基质排水性要好，且要避免因雨淋而积水。

适宜的光照和位置 要光照充足，尽管它也耐半阴。最好是给幼嫩的植株荫蔽。适宜将它种在沙土中，并确保其排水良好。

如何浇水以及浇水的频率 夏季，等基质干透再浇水，每周都要浇水。天气寒冷的时候，仙人掌都会休眠，在此期间必须暂停浇水。

如何繁殖 通过播种或茎插繁殖。在春季或夏季挑选最小的分茎，在插枝切口完全干透之后，将它扦插到多孔的基质里。

阿根廷北部的人会用它的果实制作一种叫“arrope”的果酱。

竹节仙人掌

这个仙人掌属包含的品种繁多，是大多数人的最爱，因为它们能完全适应室内的环境。在自然界中，在美洲和非洲，甚至是亚洲几乎所有的潮湿森林里都可以看到它们。

需要什么类型的基质 它们在自然界中是附生仙人掌，也就是说，它们靠树木生长，但不寄生。它们靠汲取堆积在树木下的腐叶中的有机物生长。而在盆栽中，则可以添加堆肥（比平时添加的量更多）和一些松树皮，以给它创造与其自然栖息地相似的生长条件。

适宜的光照和位置 全年都必须将它置于半阴环境下，由于是亚热带地区特有的品种，它对寒冷极为敏感。

如何浇水以及浇水的频率 与其他仙人掌不同，它喜欢环境湿润，是每三天就得喷水以使其保持湿度的少数品种之一，千万不要在烈日下给它喷水。

如何繁殖 通过分株繁殖。注意，可以剪下那些生根的茎来扦插，以产生新的植株。

它的名称源于希腊语“rhíps”，意为“灯心草”，因为它的枝叶柔软细长，往往相互缠绕在一起。其花朵小巧，核果为球形，通常是半透明的。

蟹爪兰（螃蟹兰、圣诞仙人掌或蟹爪莲）

它是一种原产于热带的附生仙人掌，由扁平、分段、带锯齿状边缘的叶状茎（茎节）组成。它的花朵很有趣，与兰花极为相似，从茎末端（刺座）处冒出来，整个冬日，我们都可以欣赏到它绽放的玫红色或紫红色的花朵。

需要什么类型的基质 在自然界中，它们是附生植物（生活在有机物质中），因此需要潮湿的基质（富含腐殖质），且排水性良好。为此，土壤必须由沙子和泥炭土构成。

适宜的光照和位置 它原产于热带，生活在阴凉的地方，喜欢潮湿，而且与沙漠仙人掌不同，它冬天不需要休眠一段时间。但是，它应享有良好的光照，哪怕它永远都无法受到阳光直射，它在室内也会生长得非常好。

如何浇水以及浇水的频率 若它的茎尖发软或缺少光泽，则很可能是因为浇水过多了。若还继续给它浇水，会使其茎的基部腐烂，此时，就必须修剪植株，剪去受影响的部分，以便它再次发芽。因此，在苗圃中往往会看到，该品种被嫁接在能抵御茎基部腐烂的更顽强的仙人掌上。

如何繁殖 通过茎繁殖，待茎切段（很多时候它们已经有根）干燥后将其扦插到基质中，直到它们扎好根为止。

一旦形成新芽，就请勿移动植株，还要将它一直置于常温下。需要注意的是，如果将开花的植株从潮湿的地方移到干燥的地方，则其花蕾可能会掉落。

3 城市菜园

家庭菜园

想象一下无论缺什么食用材料都唾手可得的感觉吧：迷迭香、大量罗勒叶、欧芹，甚至是番茄。设计和建造一个家庭小菜园就能让你时刻拥有这种满足感，意味着能一直拥有自己的新鲜香草和蔬果。

若你有个几个小时都能让阳光照射到的空间，哪怕它的面积很小，也能将它捣鼓成小菜园。你可以用最适宜自己的方式开辟它——用花坛、花盆或木盒花盆，你甚至可以在墙面上弄一个立体式菜园。

若你要开始冒险一试，让全家都参与进来是个不错的主意。大家一块儿来学习各种植物的周期、生长和发育，会对大自然为我们提供食材的过程有所认识。这势必是一次非常愉快的经历，需要我们耐心一些，它使我们与大自然紧密相连，亲自收获果实能让人获得纯粹的满足。

不过不要太自以为是，至少在一开始的时候是这样。不要指望自己的家庭菜园能全年都为你的家人提供食材，不过你能经常吃到新鲜的、不含农药的和有机种植的农产品也是很不错的。要知道，家庭菜园中的产品与你在蔬菜店购买的食材能够互相补充。

问问家人喜欢吃什么、喝什么，然后在自己的家庭菜园里种上它们吧！

在一年中的任何时候，香草园看起来都很棒，因为它们中的大多数都是多年生植物。它们的用途广泛，并且包含各种香气和味道，对于我们运用它们进行创新和制造惊喜极具吸引力，如烹调、芳香疗法以及家用等。

烹调

用罗勒、香薄荷、龙蒿、牛至、香菜、韭葱和芹菜等可以用来做香料束（法餐烹调中用香芹、月桂叶等混合起来绑在小棉纱袋子里制成）和酱料，甚至各种各样的肉类调味包。而用迷迭香、百里香和薰衣草则可以制成调味汁，或者在制作食品时，混同油、盐、糖等一起调味。你也可以在甜品中使用它们，如饭后的点心、果酱、小饼干、果汁冰糕和冰淇淋。

你还可以用它们酿利口酒，甚至调味，制作不同的鸡尾酒（请参阅第七章）。它们也被用来泡茶、浸渍腌制，制作凉茶、糖浆和糖蜜，因此，一个香草菜园能确保你随时都能享受美味和芬芳。

芳香疗法和家用

很多香草是极好的洗涤剂、杀虫剂和天然的空气清新剂，它们也可以用来为抽屉和衣柜里的衣物熏香。你可以混合各种干花、花瓣、薰衣草花、薄荷叶、迷迭香枝、桂枝、香草枝、几粒白胡椒和一些干鼠尾草叶，将其装入小麻布袋，以使你的居室内芬芳馥郁，也可以煮沸或焚烧它们来为室内熏香。用几片柠檬片、迷迭香枝和几滴香草精华煮水是一个极好的方法，可让你的房间里充满十分宜人的香气！

将薰衣草花放在枕头上，有助于睡眠和放松，大蒜串或芸香甚至被当作护身符或驱虫剂来使用。

药用植物

对药用植物的使用可追溯到史前时期。人类一直不断地创造条件以改善生活，减轻人的病痛，以提高生活质量。

一些植物通过蒸汽和浸液加工，被制成糖浆、茶或面部护肤品以发挥其特性。比如，咀嚼薄荷糖可以使口气更清新。

芳香植物富含精华：某些香料植物的精华集中在它的根部，比如姜；而另一些则集中在它的花朵中，如薰衣草和甘菊；还有的大部分集中在其叶片和茎秆中，如罗勒、欧芹或薄荷；某些香料植物在其籽中富含浓缩的精华，如香菜或香菜籽。香料植物易于栽培，打理起来不需要太费力，因为它们大多是多年生植物。

栽培、采摘和保存

为了更好地识别和照料香草，应将它们分为两大类：草本茎香草（绿色、清香）可以被归类为口感相对轻薄、香气较淡的香草。它们包含：各种类型的薄荷、留兰香、欧芹、香菜、罗勒、细香葱、莳萝、母菊和蜜蜂花。还有多为木本茎、香气浓郁的香草，如迷迭香、百里香、月桂、龙蒿、薰衣草、咖喱草、柠檬马鞭草、牛至、马缨丹、鼠尾草和香薄荷。

这两类香草都喜欢日晒。无论你是在室外还是室内栽培它们，它们每日都需要至少四个小时的直射阳光。

口感相对较轻、香气较淡的香草在天气热的时候须每日定时浇水，在天气冷时浇水间隔的时间应更长：依据环境湿度和降水量，大概每四天浇一次水。

而对于味道较浓的香草，浇水间隔时间可以更长：盛夏每三天浇一次，天气冷时每十天浇一次。

基质以多孔且排水性良好为佳：必须在基质中加入珍珠岩，且花盆要有排水孔以防止积

按照浇水需求，看是否能共用花盆来分类栽培香草。这会让你的工作变得更轻松，不会让它们遭遇缺水或浇水过量的问题。

另一个选择是搭配不同的香草来制作香料束。用棉线将香料包扎紧，晾干数周，然后在盛满沙子的碗中焚烧它来熏室。这种天然香薰是一种古老的发明，在英语中被称为“熏烟”。

水，因为积水对于香草来说是致命的，建议每四个月往基质里加几勺堆肥。

可以用花盆、花几、放在地上或架起的木盒花盆（用它们工作起来更舒适，并能防止宠物到菜园里捣乱）来建菜园。若想建立式菜园，则可使用集装架或毛毡种植袋。或者只是将花盆挂在墙上或天花板上，也可以回收各种容器加以利用，如塑料瓶、塑料桶、易拉罐、木盒甚至是餐具。

采摘和修剪

采摘和修剪时，适宜使用锋利的剪刀以使切口更为干净，快速愈合。最好是在晨间、夜露已干或要使用香草时，对其进行采摘和修剪。

修剪香草能极大地促进它们的再生长，最重要的是，除非受到某些病虫害的影响，否则修剪下来的香草都是可利用的。此外，通过修剪我们可以获得插条进行繁殖，也可以仅仅将其进行干燥后保存。

如何干燥香草

在一个不潮湿、通风尚可且避开阳光直射的地方，可用细绳将香草捆成束再挂起来，最好用牛皮纸袋将香草束包裹起来后再将它们倒挂起来。随着它们叶片的逐渐干燥，小叶片会掉在袋子中——这样就可以存放或随时使用它们了。这种方法可能要花几周的时间，这种干燥法最适合“味道浓郁”的香草。记住，要贴上准确的标签！

如果你觉得等不了那么长时间，使用传统烤箱是另一种让香草干燥的办法。在一块烤板或烤盘纸上铺上你想干燥的香草叶，然后将它们放入烤箱，烤箱门最好半开着烤制。

可将各种香料分别进行干燥，除非你想将其做成混合香料，因为在烤箱中，不同香料的气味会相互混合。将叶片烤到发脆即可，要避免将叶片烤焦，因为那样会让它们满是苦味。

如何保存

一旦将香料弄干，就可以将它们保存在广口瓶中，最好是用琥珀色或焦糖色的瓶子，因为精油受到阳光的照射或受热就会使香料失效。深色玻璃可作为滤器，使香料的保质期更长。将香料瓶放在阴凉干燥的地方（例如食物橱柜和储藏室里），可保存长达三个月的时间。

新鲜的口感相对较轻、香气较淡的香草通常可食用，如欧芹、薄荷和罗勒，可以将其放到密封袋冷冻或加水的冰格（整片或切碎的叶子）里，制成“香草冰块”。这样，在烹饪或准备饮料时，你就可以随时用到它们了。

你也可用修剪后的香草茎和叶制成调味的咸菜汁或调味剂等，盐和糖都是极佳的香草防腐剂（请参阅第七章）。

新鲜蔬菜

除香草以外，在城市的菜园里，我们还可以尝试栽培一批精选的绿叶蔬菜。它们应是易于栽培，不占用太多的空间，且无须花太大力气护理的品种。你可以种植莴苣、菠菜、芝麻菜、菊苣、圣女果、生菜、小萝卜、辣椒和豆类等，甚至青葱。

• 绿叶蔬菜，比如莴苣、菠菜、瑞士甜菜、菊苣和芝麻菜，几乎都可全年种植。错位种植可以保证我们随时都能采摘不同的蔬菜。

• 随着生长，莴苣叶可被一叶叶地摘下享用。可在它距离基质 5 厘米处的茎部切一个十字形切口，这样可以促使莴苣再生，使我们获得更多的叶子。

• 适宜菜园的理想基质：

1 份黑土

1 份泥炭土

1 份堆肥

1 份珍珠岩

• 隔多久给菜园浇一次水为好？夏季应每天浇水，天气冷时则每隔三天浇一次。

• 记住，有个菜园意味着每天至少要让它接受 4~6 个小时的日晒。

• 重要的是，不要让蔬菜“疯长”或结籽，因为这种现象会改变蔬菜的味道。为了避免这种情况，应该修剪它们的主要根茎（往往是易于生长的根茎），除非是想让它结籽留种以备将来播种，而要留种的话，则不食用该蔬菜的残余部分。

• 将种子保存在牛皮纸袋或深色的广口瓶中，在瓶子上贴上标签，写明其采摘日期和品种的名称，再将其存放在干燥黑暗的地方。

• 有一些果树可以在不大的花盆或容器中生长得很好，如草莓、橄榄等，还有些柑橘类果树，如金橘树、柠檬树、橙子树、橘子树和青柠树等。如果你的家里种了它们，可以仔细地体验和观察它们的长势如何，但应选择适宜的品种（而不是那些能长至 10 米高的品种）。这些品种很吸引人，因为每个季节它们都会让我们有所收获：从其油亮浓绿的树叶、芳香甘甜的花朵，再到其多姿多彩的果实，不仅耐放，而且美味。

• 种植柑橘类果树必须注意，它们都喜欢

接受大量光照，因此，必须将它们置于阳光下，若是南向的话则更好。

• 必须经常浇水：每次只要基质表面变干就得浇水，因为它们喜欢潮湿的土壤。要经常让它们淋雨或给叶子浇水，以清除叶片上的灰尘。

• 它们对霜冻和强风很敏感，因此必须加以保护。

• 它们更偏爱堆肥良好的基质，且富含淤泥土和松针，建议每年给它们施两次肥。

要在家里开辟菜园的话，可以选择不同的方式：购买种苗或用种子播种，从其他植株上通过茎插繁殖新植株（请参阅第 164 页），从丢弃的植株或所食用植株的种子获得新的植株（请参阅第 169 页）。

挑选品种时应注意些什么

• 问问自己最想在自己的菜园里种什么。

• 考虑下当地的播种和采摘的季节 / 时期，以及气候条件。

• 看一下选择苗座还是苗床播种，因为某些植株可以耐受移栽，而另外一些则必须将其直接播种在适宜它们生长的地方。

• 植株一旦生长起来将会占据空间的位置，要让植株之间保持一定的距离，使其在生长时不会相互争夺空间，并生长发育得良好。

• 要注意出芽和最终采摘的时间。有的品种只要 1 天就发芽了，如小萝卜，而其他的则可能要几个月，比如欧芹。了解你所种的品种将能让你接下来更好地工作。掌握采摘的时间也至关重要：比如，莴苣在其播种后约 40 天就可以进行第一次采摘了，而芦笋要经过三个冬季才会发芽以供食用。

菜园的生物防治

无须使用化学肥料就可获得一个健康的菜园，其秘诀是要混搭各种品种：花卉、香草、蔬菜，以吸引有益的昆虫来传播花粉或防治虫害。

如何进行混合种植

可在菜园中种植能产生大量花粉的花卉和香草植物以吸引昆虫来传粉。这样的植株有雏菊、旱金莲、矮牵牛、向日葵、香菜、薰衣草、莳萝和茴香等。

有益于花园的昆虫和植物

有些植物会吸引昆虫，比如瓢虫、蜈蚣、蜜蜂、黄蜂、蝴蝶和蚯蚓，对我们的花园大有裨益。有一些植物也可以驱除有害的昆虫，如柠檬草、迷迭香、薄荷、孔雀草、金盏花、苦艾、香茅、薰衣草和芸香，我们可以适当地栽培些。

轮作的重要性

轮作的目的是为了保持生物的多样性，并利用作物从基质吸收养分的快慢方面的差异。尽管所有植株的生长发育几乎需要相同的养分，但并不总是需要相同的数量。例如，若我们总是在同一容器中栽培对某特定养分要求很高的蔬菜，那么基质中的这种养分将会被慢慢地“耗尽”，我们不得不经常给它施肥。若在这片菜园里种一年这种蔬菜，接下来一年则换成种植其他对养分需求不同的植物的话，我们就能弥补逐渐丧失的土壤肥力了。

将蔬菜分组轮作，应考虑它们被食用的是哪部分：有的是食用它们的叶子，有的是食用它们的果实，还有一些则是食用它们的根，比如胡萝卜。

记住，生长得健壮的植物受病虫害影响的可能性较小。

一步一步来
动手制作种子球

材料

- 黏土（可从土壤获取或通过给黑土添加黏土粉获得）
- 黑土
- 种子（从菜园采集的或者由某些时令花卉获得）
- 水

制作步骤

• 取一些湿润的黏土，揉捏直至其质地变均匀。

• 往黏土里加入一小把种子，可以是不同品种的混合种子或者单一品种的种子。建议采用绿叶蔬菜的混合种子，如芝麻菜、菊苣、芥菜、苣荬菜和莴苣等。这些食用叶子部分的蔬菜全年均能播种，且它们对日照、水分和基质的要求类似：需大量日照（若是早晨的阳光则更好），夏季需每日浇水，冬季则每隔三天浇一次水。

• 用手掌将黏土包裹上种子，并揉捏成直径约 4 厘米的泥球，将种子球捏好之后，让其晾干变硬。

这种被称为“种子球”的技术源自在日本实施的一种方法，用于开发自然造林系统，并修复土地退化区域。

可从飞机上投放种子球，让其抵达平常不容易抵达的地方，比如沙漠。

黏土保护着种子，它们会随着雨水的滋润而发芽。种子被包裹着，还能防止动物、鸟类和其他捕食者的破坏。

芳香植物的种类指南

开辟一个香草园，你就拥有了一系列口味和香味的可能组合，能确保你随时都拥有独特的风味，比方说，可让你“改良”果茶的口味、制作凉茶、给烤肉或糖浆调味以及制作夏日饮品等。我们建议所有想在一年四季都收获这类植物的人在家中开辟个香草园，其实它们所占的空间并不大，可以在花盆中种植，且易于维护。在这里，我们将向你介绍最常用的芳香植物，以及相应的护理方法和注意事项。

芳香植物的花朵会将授粉的昆虫吸引到花园中，那么，有没有一些花朵可以作为驱虫剂驱赶那些不受欢迎的害虫？除了用来烹调之外，它们还有其他的用途吗？还有，若我们学会照料它们的话，它们中的大部分都能活很久吗？

赶快选择你最喜爱的芳香植物，鼓励自己设计你的香草园吧！

罗勒

是一种唇形科一年生芳香草本植物，原产自非洲、美洲以及亚洲的热带地区，已有数千年的种植历史。

基质：喜肥沃、渗透性好、湿润的土壤。

日照：它需要光，但是暴露在阳光下又可能会枯萎，所以最好不要让它直接受阳光的照射。它并不耐寒，因此，我们建议冬季将它放在室内。

浇水：这种植物需要大量的水，因此，如果你生活在非常温暖的气候中，则每次只要它的土壤变干，就得给它浇水。在冬季，它需要的水则少些。

其他：要经常修剪它，以免让其开花。它开花会产生类似茴香的气味，这种气味可能令有些人稍感不适。同样，建议每三周清除一下干枯的叶子，以让它们生长得更好更健康。可以在一个广口瓶中加少许盐，再用橄榄油浸泡来保存它的新鲜叶子。

驴子草

是一种马鞭草科灌木，原产于美洲热带地区，被广泛用于泡茶和给深受我们喜爱的茶调味。

基质：需要肥沃、疏松的沙壤土，保水能力弱，因为水分会影响其根系。

日照：喜全日照。

浇水：适度浇水。

其他：它的叶子出口欧洲，目前是控制“疯牛病”的疫苗成分的一部分。此外，它有助于促消化和保护肝脏，有助于控制胃酸和高血压，还能作为草药使用，在全球有很大的市场。

柠檬马鞭草

是一种马鞭草科多年生植物，原产于南美洲，在智利、秘鲁和阿根廷的山区都可以看到它。自 18 世纪被引入欧洲，已在欧洲作为观赏植物和芳香植物来种植，它是阔叶植物，带有浓郁的柠檬香味，叶面粗糙，浅绿色为其特有的颜色。它可在地面长至 2.5~3 米高，在夏季和秋季，会开出白色或浅粉色的小花，具有极强的观赏性。

基质：适应各种类型的土壤，只要排水性好。

日照：在阳光充足或半阴的环境下生长。

浇水：水分多会让其烂根，干燥又会让它的叶片掉落。在天气炎热的时候，应每天适度浇水，但不要过量。

其他：叶片处于什么状态都可摘取食用，有必要准备一些冬季食用。可以将它们浸在水中，然后放在冰格中加水，最后冷冻保存，这样你就随时都有新鲜叶子可用了，可用来泡茶，或给馅料、甜食、水果、鱼肉、禽肉、布丁、面团、饼、餐前开胃面包、沙拉和馅饼等调味。

咖喱草

它原产于中国，因其叶片和茎具有咖啡的香气而得名。它是一种菊科多年生草木，香味极为浓郁，以它独特的香气和灰绿色的植株而著称。

基质：更喜排水性极好的基质。

日照：可完全置于阳光下。

浇水：无须每日浇水，等基质完全干透再浇水。可将它和迷迭香以及百里香放在一起培植，它们的护理方法相同。

其他：建议定期修剪，以使叶子更富有活力，并防止它的枝干乔木化。因其所具有的颜色和质地，新鲜和干燥的咖喱草都可用，还可作为花艺设计的辅助材料。

芫荽

也被称为香荽、香菜、胡荽或原荽，是一种一年或二年生的香料植物。叶片呈鲜绿色，与欧芹的叶子形似。花朵一簇簇冒出（头状花序），呈白色，且带有一点点粉色，于夏季开花。

基质：最好用排水性良好，且含有大量有机物（堆肥）的基质。

日照：可以在全日照或半阴环境下生长。由于大多是一年生植物，其生长周期会在秋季完成，不受寒冷和霜冻的影响。

浇水：应大量浇水，以使土壤保持湿润，但不要积水，它们也不耐旱。

其他：它的种苗很难获得。建议陆续播种，以备不时之需。它的新鲜或干燥的叶子，及其植株上成熟的和经阳光晒干的籽（香菜）均可食用。

细香葱

原产于中亚地区，历史上主要产自中国和日本。它和洋葱一样，均属于百合科，我们通常食用的是它的叶子而不是鳞茎。它是一种常绿植物，我们可以定期剪取，这样就有食之不尽的细香葱了。

基质：加入堆肥的土壤更佳。

日照：它在半阴环境下生长得极好。可以将它放在其他植株较高的香草（比如迷迭香）下面栽种，让它免受阳光的直射，在室内盆栽它也能生长得很好。

浇水：每日浇水。

其他：播种五周后，用锋利的剪刀比用刀更容易剪取细香葱。应按需剪取，在其株上离地面约 5 厘米的位置上剪。可按需多次剪取叶子的顶端，这不会影响它的生长，剪的次数越多它反而长得越好，可将剪下的叶子保存在密封袋中。

莳萝

是一种多年生草本植物，与茴香类似，其独特的茴香味道是鱼和汤的绝配。莳萝原产于地中海，现如今，它已经在欧洲、俄罗斯、亚洲以及非洲的众多地区自然生长。

基质：排水性好，且添加了堆肥的基质。

日照：喜阳光充足，特别是早晨的阳光。如果暴露在风中，最好在它旁边种更大或更坚韧的植物（比如迷迭香）来庇护它。

浇水：基质保持略微湿润，注意不要过度浇水，否则会让其腐烂。在开花期间，应多给它浇水。

其他：这种植物在播种六周后就可以采摘了。尽管随时都可以将它们摘来用，但最好是在它们开花之前不久采摘。它们可以冷冻保存六个月，不建议将它们干燥使用，因为这样会让它失去特有的香气。

龙蒿

它是一种原产自俄罗斯南部的香草，是法国美食中最传统的风味之一，人们用它已经创造了很多经典的菜式。另外，它是混合制作传统的“调味用香草料”的四种成分之一，这种香草料在世界各地广泛使用，以烹制肉和鱼。

基质：在富含堆肥的土壤里栽培。

日照：它更喜阳光，在温带气候中易于生长，可耐寒，但不耐霜冻。因此，如若盆栽，冬季必须盖住它的叶子，或将它搬到室内。

浇水：夏季，每两至三天浇一次水；冬季，浇水的间隔时间要拉长。要避免积水，以防止烂根。建议在这种基质上铺上树皮，以延长浇水后基质的湿润度。

其他：采摘时，在离地面 10 厘米处剪去它的嫩茎，以使其再次发芽。最好是将这些嫩茎扎成一小把，挂在阴暗通风的地方，待其干燥后，必须将它们保存在玻璃或陶瓷的罐子中，以防其叶片的味道会随着时间的流逝而变淡。须不断地通过分株来获得新的幼苗（请参阅第 167 页）。

香蜂花

有时被认为是薄荷的一种，但它的气味与薄荷的完全不同，其香气类似柠檬，适宜调制凉茶和饮料，还有多种其他用途。

基质：喜排水性好，且添加了一点堆肥的基质。

日照：半阴，不耐霜冻和干燥的环境。

浇水：让土壤一直保持略微湿润，但不要积水。可将它与芫荽和欧芹种在一起，它们对水分的需求相同。

其他：它是一种多年生植物，要注意，它在地面以上的部分在冬季会死去，但来年春季还会再发芽。建议将植株枯死的部分剪去。

薰衣草属

该属由 20 多个小灌木品种构成，原产于亚速尔群岛、加那利群岛和地中海盆地，其常见的品种有狭叶薰衣草、头状薰衣草、绵毛薰衣草、穗花薰衣草、齿叶薰衣草和宽叶薰衣草。

基质：在贫瘠和沙质的土壤里也能蓬勃生长。

日照：它适应半阴的环境，最喜阳光直射，因阳光可促使其开花。

浇水：不需要浇太多水，若在室外栽培，仅靠雨水浇灌即可。

其他：开花后，应剪去整个花冠，以维持其紧凑的外观，并让它能开出更多的花。它们是对病虫害极有抵抗力的植物，很适合覆盖花园里干燥且阳光充足的地方，也适宜在露台、阳台和庭院的花盆或花几里进行栽培。它因对盐分耐受性强，也被广泛种植于海滨花园中。它们的香气能驱散蚜虫、蚊子等害虫，对菜园的其他品种也有益。

薄荷

薄荷是一种芳香的多年生植物，生长迅速，品种繁多，最常见的是胡椒薄荷、苹果薄荷、凤梨薄荷和留兰香。

基质：在富含堆肥、有点阴暗潮湿的土壤里长得更好。

日照：半阴。

浇水：必须时刻注意浇水，尤其是在夏季，必须每天浇水。基质必须保持湿润。

其他：如果不适当地修剪以控制其生长，薄荷往往会具有侵入性。有一个控制其生长的小窍门：除了修剪外，建议将它种在小花盆中。若是在花坛里，可将它与其他芳香植物种在一起；也可将它种在塑料花盆里，再将花盆整个埋入花坛中。

牛至

我们通常将它晾干后食用，但是新鲜的牛至具有一种独特的味道，能让食物变得与众不同。另外，它还具有促消化、抗氧化和抗菌作用。

基质：排水性好，再添加一点堆肥更好，最好在气候温和的季节移栽它。

日照：更喜气候温和。你可将它放在半阴的环境下，但它更喜阳光。

浇水：每隔两三天浇一次水，全年均是如此。比起浇水过量，它更耐缺水。当你看到它的叶片有点耷拉时，就该浇水了，浇水之后没多久，植株就会恢复生机。

其他：它们是顽强的植物，通常不会受到病虫害的侵袭。开花后，适宜对其进行大幅修剪（从离地面 3 厘米处修剪），这样能让植株更强壮地发芽。

欧芹

欧芹是一种原产自地中海的植物，是烹调时使用得最多的植物之一。因它是一年生，所以必须每年都播种一次。注意，它发芽极为缓慢（甚至需要一个月），因此，你必须耐心地等待。在发芽过程中，它们需要充足的水分。

基质：基质不应过于压实，但要湿润且排水性好。

日照：置于阳光充足或半阴的地方。

浇水：它不耐旱，要每日浇水，但注意千万不要积水。

其他：建议不断修剪和使用它的叶子，以防止它“疯长”、开花。除了普通品种外，还有卷叶欧芹和卷叶香芹，这两者更具观赏性，不过味道要淡些。

迷迭香

迷迭香是一种常绿灌木，可长至 2 米高左右。因它具有多种特性而被用于烹饪、制作精油和天然药物等。

基质：它对土壤的要求不高（只要排水性好），即使在最贫瘠的土壤里，它也能生长得很繁茂。需加入少许沙子和珍珠岩，以免造成积水。

日照：喜全日照。它是一种顽强坚韧的植物，既耐高温又耐低温。

浇水：在室外，仅需以雨水进行浇灌即可。在室内，则必须在每次浇水时确认基质已干。夏季每隔三天需给它浇一次水，冬季则需每周浇一次。

其他：作为一种“坚韧”的芳香植物，它是一种对花园中兴起的病虫害抵抗力极强的植物，像薰衣草一样，它也被用作抵御强风和树篱。

药用鼠尾草

芳香鼠尾草是一种可长至 60 厘米高的灌木。

基质：有堆肥和沙子的土壤，以促进其良好的排水。

日照：喜全日照，但也适应半阴环境。要预防高温将其灼伤，因此，夏季要多加注意。

浇水：耐旱，一周浇两三次水即可，浇水太多反而会致其死亡。

其他：若要采摘食用，最好等上两年，待它的叶子香味更浓郁为好。晾干它的叶子要比晒干其他香草需要的时间长，开花时，适宜将花序剪掉。

百里香

百里香是一种半灌木，呈灰色。木质茎，分叉，是多年生的草本植物，在枝干的末端簇生出白色或粉红色的小花。

基质：和其他所有的芳香植物一样，土壤需排水性好，但浇水过多会对它十分不利。不要用酸性、积水和易湿润的土壤，它也非常适合石灰岩较多的干旱土壤。

日照：在阳光下栽培。与其他芳香植物不同，它耐寒，因此，当冬季来临时，无须将它搬入室内。

浇水：浇水量极少。它的叶片非常细小，能降低其蒸腾作用，因而即便遇到严重的干旱天气也能挺过去。

其他：建议不时地去掉枯叶，并每年彻底修剪一次。你还能找到柠檬百里香，它具有柠檬的味道和香气。

微型菜苗

微型菜苗被认为是超级食物，因为它们浓缩了酶、叶绿素、氨基酸、矿物质元素、维生素和微量元素，这些营养元素具有极高的营养价值。

因在基质中种植和生长，微型菜苗的“芽菜”与“发芽”不同。任何可食用的蔬菜或花草的正常播种都是从这个阶段开始的，当它们冒出第一片叶子时就被称作“芽菜”。这时，该植物已经能够进行光合作用，因此具有叶绿素的成分。“芽”是种子生命的第一阶段，它此时已具有第一条根且开始形成细小的茎。

在这种状态下，发芽的种子具有很强的酶活性和能量，被认为是一种有生命的食物。它们在潮湿的罐子中萌芽，其整株包括根茎均一起被食用。这种栽培方式非常适用于豆类，却并不太适用于绿叶蔬菜。

而芽菜至多在播种后的两到三周之后，就可用剪刀剪取收获。我们不吃它们的根和种子，而只食用它们新生的茎和叶片，芽菜巧妙地浓缩了其成熟蔬菜的所有味道。

芽菜还因自身的营养价值而被世界上众多大厨选用，但你不是大厨也可收获微型菜苗，你只要按需挑选自己的迷你蔬菜即可，以便在沙拉、开胃小菜、三明治以及任何你想吃的美味更口感香脆、营养丰富且味道鲜美。

适宜将它们放在厨房的窗台上，菜苗唾手可得，能适时尝鲜真是让人欣喜不已。萝卜、芝麻菜、羽衣甘蓝、甜菜和西蓝花最易于上手栽培。

从甜菜的柔软香甜到芝麻菜的辛辣，芽菜提供了众多不同的口味。它们的颜色很有趣，由绿到红，甚至有紫色。还有的芽菜首批叶片的纹理使其看起来更加引人注目。

一步一步来
收获自己的微型菜苗

材料

- 用纸板或植物纤维制成的可降解环保花盆（再生纸浆）或硬纸板管
- 托盘或深盘
- 播种用基质：
  3 份黑土
  1 份堆肥
  1 份泥炭土
  1 份珍珠岩
- 蛭石
- 种子
- 标签（可以是雪糕棍或小勺子）
- 保鲜膜
- 温水

制作步骤

• 将预先用温水润湿好的基质放入花盆中，装满花盆的四分之三。

• 然后将花盆放入一个托盘中，最好在用来发芽的位置进行这一步。这个地方应温暖，可获得数小时的日照，且免受雨水、宠物以及极端温度的影响。

• 在湿润的基质上撒上大量种子，将许多种子播种在一起也没有问题，因为我们不会对其进行间苗（留苗以使其生长得更好）。

• 在各株芽苗之间，应留有约相当于一粒种子的距离。

• 在种子上面铺上一层蛭石，这种矿物质材料能吸收水分之后再将其缓慢地释放出去，使种子保持适当的湿度。

• 种子埋入的深度取决于种子直径的大小，通常应为其直径的两倍。

• 插上标记，以识别植株的类型以及播种的日期。

• 用喷壶给播好的种子浇水，慢慢地浸湿蛭石（不要使用喷洒器或喷雾器，因为蛭石很轻，会被吹飞），但不要积水，以免让种子漂浮起来。

• 将托盘放在冰箱的顶部（电机会不断产生热量，非常适合种植绿色植物）或放在能受到阳光直射但又不受雨水和霜冻影响的地方。

• 在种子发芽和冒出首批幼芽为止，都应一直浇水，让基质保持湿润而不积水，因为积水会让种子腐烂。

• 花盆应该盖有保鲜膜，以维持湿度并促进种子发芽。

• 出现嫩芽后，取下保鲜膜，并将它们放到有阳光照射的地方。

• 往托盘或深盘里加水，以保持基质的湿润，芽苗将通过水分从基质中均匀地吸收养分。

• 待要食用微型芽苗时，用锋利的剪刀沿着地表将它们剪下来即可。你可以在其生长的不同阶段食用它们：从开始出现子叶时（所谓的“假叶子”，它们未形成能长成真正叶子的形态结构），或者在它们长出首批真正的叶子时收获它们。这些叶子一旦被切割过，就不会再长出来了。

• 若你不是在收割后立即食用芽苗，请将它们装入密封的容器和袋子里，可放在冰箱冷藏一周。

播种小窍门

• 回收利用托盘、分格蛋盘、一次性杯子、卫生卷纸卷筒。

• 网上找找教程，学习如何制作生物可降解环保花盆。

• 购买种子时，要注意检查包装上的有效日期。

• 你可以将种子泡在水中，除去漂浮在水中的种子（这说明它们已经失去萌芽能力）。

• 记得要给所播的种子标上名称和播种日期，以便之后记录它们的生长变化。

尝试播种各种类型的生菜、菊苣、芝麻菜、红色苦白菜、苣荬菜、芥菜、甜菜、西蓝花、羽衣甘蓝、菠菜、甜菜、萝卜、欧芹、香菜、罗勒以及其他任何你想种的菜。

给你的菜园来点饶头：用马黛茶渣制作堆肥

利用马黛茶渣在家制作堆肥是一种既简单又实用的方法，这也能有效地利用垃圾。你可以选用深度至少为 30 厘米的长槽花盆。先在花盆底部铺上质量优良的黑土，若能有些许堆肥更好，重要的是要让它肥沃且富含有机物。

用土壤覆盖花盆的整个底部，厚度约 10~15 厘米。给它浇一点水，但不要让其积水。

然后将喝过的马黛茶渣撒在上面即可。随着你不断将茶渣撒在上面，在茶渣堆的顶部会形成灰色的外壳，这是因为它们与空气接触且已经干燥了。位于该干燥外壳和土壤层之间的茶渣会开始腐烂分解，颜色变深。为方便饮用，这种茶由细碎的茶末晒干而成，因此其分解过程迅速，且不会散发出异味。可每周浇水一次，以使其加速分解。假如你撒的茶渣是湿的，将它扔在茶渣堆上即可。

20~30 天之后，就可以用手铲搅拌盆里的东西了。你会发现一开始撒下的那几层茶渣（与土壤直接接触的那几层）已经变黑，你可以将其掺入花盆底部的基质中。

你可以稍微搅拌一下以混合盆里的所有土层，加快上层的分解速度，但这不是必须做的。约 45 天后，你就有好的堆肥可用了。

创建一本园艺日志，慢慢地记录你所有的经验。写一份你的植物园地的记录单，汇总所有植物品种的信息、护理、发芽时间、变化、收获时间和病虫害，以及任何你认为有必要记录的观察结果。在你再次体验开辟菜园、种植微型菜苗或其他任何想种的品种时，它将是你的重要参考。

↘ 好好利用这个不断给菜园提供堆肥的来源，为你的室内植物添加有机物吧。你也可将它们包起来，赠予朋友和园艺爱好者，鼓励他们去制作自己的堆肥箱。

4
植物繁殖

生殖与繁殖

像其他生物一样，自然界中的植物通过生殖使自己的物种长存。植物繁殖的过程是多种多样的，大体可以分为两种：有性生殖和无性生殖。

植物生殖

与人类生殖一样，植物通过有性生殖产生新植株，与母本植株同属一个物种，由于基因进化的作用，两者并不完全一样。

最有名的有性生殖的例子之一是被子植物。被子植物是地球上种类最多的植物类群，超过 90% 的植物均属于这一类群，我们基本上可将它们定义为有花植物。这些花会结出果实，成熟时里面会含有种子。这些种子之后会掉落在地面或肥沃的环境里进行繁殖，发芽后会长出该物种的一株新个体。

而无性生殖最常见的一种形式则是蕨类植物，通过孢子进行无性繁殖。每个孢子（位于叶子背面的黄色粉末）必须与另一个孢子结合才能发芽，并逐渐长出小的蕨类植物。这种孢子结合需要基质湿润、温度恒定。历史上，人类除了采用这些无性生殖的方式繁殖植物外，也采用嫁接、插条和压条等来繁殖，我们将在本章中对其中的一些方式进行讲解。

植物繁殖

此过程基于采集植物植株的一部分（可以是叶片、茎和嫩芽等），然后以此生成另一株特征相同的植株。通过繁殖，我们获得的是一株新植物，其特征与原植株相同。这种技术广泛运用于异种（带有不同颜色的条纹或斑点）和水生植物（杂交产生的新物种）中。

多肉植物的繁殖

叶插繁殖

叶片肉质肥厚的植物是最适合这类繁殖方式的，如拟石莲属、景天属、风车草属和青锁龙属。鉴定完植物的品种后，就可以取几片叶片开始进行繁殖。可以使用花茎上的小叶片，尽管不一定都能取得良好的效果。

切口通常在茎叶连接处，必须干净。最好是从莲座状叶丛的上部掰取叶片——基本所有的多肉植物都会有莲座状叶丛。不要取叶丛下部的老叶片或干瘪的叶片，也不要取顶部刚刚冒出的新叶。叶片一旦被取下（取的叶片越多，成活的概率越大）要放在盘子里，置于干燥明亮的地方约一周左右，以使因掰取所形成的切口晾干。建议将它们放在一个盘子中，且避免雨淋和阳光直射。

有些小叶片仅仅一周内就有可能生根或发芽，有的则不会，这是完全正常的。让这些叶片保持肉质丰满坚硬很重要，不要让它们枯萎、起皱。若有这样的叶片，应该丢弃不用了。若它们看起来跟刚从母株上取下来时一样，就意味着它们非常适合用来继续进行繁殖。

将这些叶片从植株上取下来一周之后，要将它们放在用于栽培仙人掌和多肉植物的基质上，以便继续进行繁殖。我们可以找来一些小容器，比如蛋格、运输用的塑料浅盘、浅口花盆或穴盘（育苗盘）等，任何浅口的容器均可，之后用栽培多肉植物的基质将它们装满。

多肉植物的基质配方

2份黑土

1份堆肥

¾份粗沙

½份蛭石

½份珍珠岩

½份捣碎的植物炭

这种基质是最合适的。可能会缺那么一种或几种配料，只要孔隙多、排水性好就行。混合土壤和沙子配出的基质可以使用一段时间，但还是要尝试让基质里具有更多成分，这几乎在任何一家苗圃都可以找到。

基质装好后，用水细细地喷洒一遍，注意不要积水。然后将叶片横放在上面，无须埋入。几天或几周之后（视品种和气候而定），叶片就会开始生根发芽。

生根后，若在气候炎热的地方或者是在盛夏，就要开始每隔三天或一周浇一次水。我们建议给基质浇水时，尽量不要淋湿其叶片。根长出后，紧挨的叶片就会很自然地长出一个莲座状叶丛。过上几天或几周后，莲座状叶丛会随茎而向上挺举，呈现与母株一样的形态，但其植株更小。

QUICKUBE

随着这一过程的进行，我们将依照与气候相符的频率浇水：若是夏季，每隔三天或四天浇一次；而秋季或冬季，则每周浇一次。应始终牢记，必须在室内进行这个过程，以保护新芽免受阳光直射和雨淋。

同时，随着新芽的生长，新植株在基质里会生出大量的根。你会看到，母叶会渐渐失去膨胀的肉感和硬度并干瘪下去，这是新植株生长的必经过程。在新植株生长的同时，母叶变得枯萎和完全干燥，与新芽脱离。

母叶干掉或与新植株脱离时，就是该移栽的时候了。在这一过程中，重要的是切勿操之过急，我们甚至可以在移栽前，让它在托盘或花盆里多待几周。

胚根非常细小脆弱，因此，在移栽时必须小心仔细，建议你使用小工具或叉子来操作。

一开始移栽，我们就应挑选一个大小合适（非常小）的花盆，用栽培仙人掌和多肉植物的基质将其填满四分之三。在基质上挖一个小坑，将幼苗放在里面，必须用更多的基质将胚根覆盖，但不要挤压它们。我们得慢慢地浇水，但不要积水，并一如既往地仔细照料新株，让它们免受阳光直射和雨淋，并将它们放置在光线明亮且通风良好的地方。

这种是用来繁殖仙人掌的方法。记住，仙人掌是由茎构成的，截取一段，让切口晾干一周之后再进行栽培，就能繁殖你自己的仙人掌，扩大你的藏品队伍了。

茎插繁殖

采用茎插繁殖的方法，大多数多肉植物和所有类型的仙人掌都可以繁殖。这种方法需先用割刀或剪刀（事先用酒精消过毒）切下茎段。若是多肉植物，切下的茎段带或不带莲座状叶丛都可。

切下的茎段应放置一周，以使切口愈合，这一步与叶插的步骤极为相似。若切下的茎段直径大于 1 厘米，则应放置一周以上。判定切口愈合的秘诀是，查看切口时已经看不到浆液，只有一条深色的裂缝。可以给切下的茎段和母株的切口部位都撒上硫黄或肉桂粉，以防止真菌的滋生。

一旦经过适当时间且切口已经愈合，就着手挑选用来栽培它的花盆。始终要注意，植株和花盆的大小要有一定的比例。

若将花盆放在室外可能会淋雨，必须注意让花盆能排水。最好在花盆底部铺上一层石子、瓦砾或碎砖砾，以避免随着时间的流逝，使排水孔堵塞。若使用玻璃景观容器或瓶瓶罐罐制成的花盆，可在底部铺上一层厚厚的土壤，让其能最终将浇水过量而剩余的水分吸干。

将我们的种植容器的基底铺好之后，就可用栽培仙人掌和多肉植物的基质将它填满了，并在土壤中挖一个小孔，基质必须潮湿些。将相当于插枝总长度约四分之一的部分插入小孔，再埋上土壤，但不要压得太紧。然后，在土层的上面铺上饰面材料。通常不要给无根的仙人掌和多肉植物浇水，因为水分过多会让其腐烂。过上一周或两个月（视品种而定），它就已扎好根了。

插枝扎好根了的话，会有新的叶子或新芽冒出。在生根的过程中，不应移动插枝或尝试将它从土壤中拔出，因为这样会阻碍其成活或使其全部毁于一旦。刚开始冒出的根非常脆弱，若拔出插枝或将它插入土壤，只会让这些根脱落。

建议使用微型玻璃景观容器将几棵植株种在一起（请参阅第 202 页），或将它们与其他的多肉植物种在一起，这便能给它们提供一个微气候，有助于它们继续生长。

子代繁殖

有的多肉植物，如龙舌兰属、十二卷属、伽蓝菜属和芦荟属，会在母株的底部冒出一簇簇子代。要繁殖和分离它们，我们必须小心地将这些子代与母株的连接部分切开。有时，只要轻轻地撬一下就可以了。还有时，我们不得不用消过毒的刀具切开一个口，将子代取下来，注意要尽量让它带着根。

当我们看到有子代生成，想移除它们，但眼前的幼苗不带根时，我们所要做的就是确保取下的子代至少有母株的四分之一大。若我们已经足够小心谨慎，但取下的子代还是没有根，就待其切口愈合之后再扦插。

若我们成功地从切口处取下了子代，需准备一个花盆，在盆底铺上石子，再铺上用于栽培仙人掌和多肉植物的基质，扦插时尽量不要动到根。然后小心地将土壤盖在子代上，再在上面铺上饰面材料。之后给它浇水，但不要积水，此时就用给母株浇水一样的方式给它浇水。

分株繁殖

这种方法适用于大部分悬垂型多肉植物和匍匐茎型多肉植物，如绿之铃、爱之蔓、竹节仙人掌和紫弦月。

要正确地进行分株繁殖，必须要注意保持基质干燥（不要在浇水后进行分株繁殖）。轻轻地将土块拍松，然后用手指顺势分株，分开的株要带有连接根的嫩枝。分株完毕后，按照前面的繁殖方式开始栽培。然后，稍微浇点水，注意不要积水。

许多悬垂型多肉植物都会长出具有气生根的茎，可将这种茎切下，将它们放在潮湿的基质上，基本无须用基质覆盖它们。过不了多久，那些细小的根就会逐渐地深入土壤里，直至完全扎根。

匍匐茎繁殖

许多多肉植物，如长生草属、景天科景天属以及景天科青锁龙属中的一些都会在茎上抽出侧芽、生根，并长出新的胚芽。将这些胚芽放在土里，它们会很容易扎根，还可将它们切下插在基质上。

回收使用过的陶瓷罐、杯子、茶壶和易拉罐这类容器，将新的胚芽种在里面。

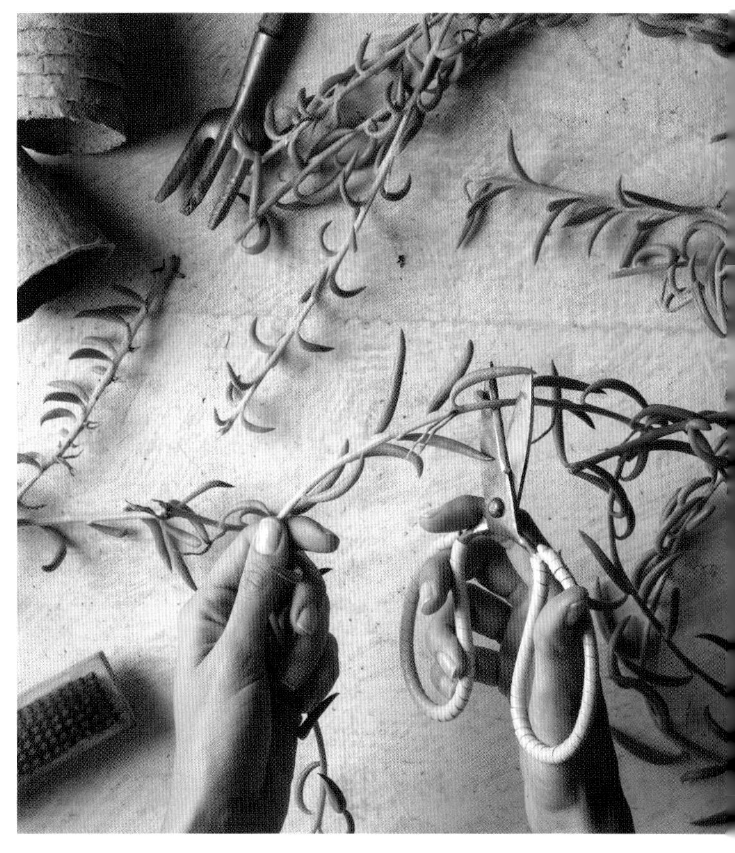

室内植物的繁殖

许多室内植物都可经过分株繁殖，如蕨类植物、肖竹芋属、卧花竹芋属植物和绿萝。

其他植物，如蔓绿绒属、紫露草属等，也都可以和多肉植物一样，通过匍匐茎或带气生根的分株来繁殖。

分株繁殖的方法很容易，具体操作如下：

• 在基质几乎未受潮的情况下，从花盆中将包有植株根部的土块取出，再小心地将它外围的土抖掉。

• 将它放在工作台上，以便能自如地操作它。

• 确定插入基质的茎是哪些，要明白该从哪里分株：既有根又有叶的茎都是幼株。

• 用手指将带根的株分开，然后再将它定植到装有合适基质的花盆中。

• 正确的方法是先在花盆底部铺一层石子做底，然后装入半盆基质，放入植株，再继续放基质至距离花盆边缘 1 厘米处。

• 用手将基质稍微压实。

• 在基质上方铺上饰面材料，以防止浇灌的水分在夏季蒸发掉，并让它在冬季时保护根系，给它浇水，但不要积水。

最后，你就可以找个地方安置新盆栽了。

通过蔬果残余繁殖

常常会发生这样的情况：我们曾获得一颗异域水果，由于它非常稀有，价格昂贵，之后我们就很难再见到它了。又或者我们吃到一颗口味和口感都令人无法忘怀的番茄，之后却再难寻获一颗与它类似的了。对此，有一个解决办法：保留它们的种子或剩余部分。利用我们所食用的水果或蔬菜获得的种子进行种植，你不必非得是个园艺迷，只要有勇气去做就行。

用我们丢弃的水果或蔬菜的一些部位，可尝试在家里栽培更多的绿植，或许还能收获新的果实。

这是能和家里孩子们共同分享的非常棒的体验，可借机教会他们自然界中的节气，以及了解植物的果实在到达我们餐桌之前所经历的所有过程，以培养他们的耐心。有些种子或籽——如牛油果的果核，可能需要长达十二周的时间才会发芽。

哪些植物建议采用其种子或被废弃的部位来栽培呢？

莴苣、叶用葱、茴香、韭葱和小白菜

这是一种简单而富有创意的方法：可以用烹饪时被丢弃的部分蔬菜再生其叶子或茎。

1. 从植株底部切下约 6 厘米长的段。若它已长出叶子或有已经腐烂或干瘪的几层，要把它们去掉。

2. 将切好的段放在盛有水的容器中，切面朝上。最好是将它的下部泡在水中，但不触及容器的底部，可以使用窄小的容器装这些蔬菜或用牙签将它们叉住，然后将容器放在自然光照较好的地方。

3. 在等待发芽的同时要保持清水的水位。几天之后，你就能观察到它们是如何从中心的位置抽出芽和叶子的。可以将它们泡在水里，随着芽苗的生长可直接食用它们，或在它们的根长好之后将其移植到相应的基质中。

百香果

若它的芽苗茁壮成长，你就能获得一株美丽的攀藤植物，花朵充满异域风情，是你见过的最奇特的花朵之一。

1. 将这种水果的果瓤取出，放到漏网中，轻轻地冲洗，直至果肉全部脱落。之后可立刻播种，撒下的种子间距约 1.5 厘米，并略微用土壤覆盖。

2. 它是一种来自热带地区的植物，因此温度必须维持在 20℃以上，其芽苗会在第二周至第八周间冒出。

3. 当植株长到约 15 厘米高时，将它移栽到一个更大的花盆中，随着它的生长，要给它搭架子。一年后，欣赏完它的美艳花朵之后，就能收获第一批果实了。

牛油果

牛油果的籽（果核）可以长成一株值得摄影留念的美丽植株，它为任何环境都能增添些观赏价值。

1. 小心地从中间将牛油果切开，然后将切开的相对的两半分别向相反的方向旋转以将其打开，从而能取出牛油果籽，并小心地将籽挖出（若有需要，可以用勺子挖）。

2. 让牛油果籽晾两三天，然后将它取出去皮。

3. 在牛油果籽的上下两端切开不足半厘米的薄片并将其去掉，然后将籽种在菜园的基质中，最尖的那一头朝上。牛油果籽的上半部分要露在基质外，并每日浇水。

4. 它在种下四至十二周之间才会发芽，因此请耐心等待。当抽出的茎长至 10 厘米左右时，必须添加基质，直至将整颗籽覆盖。

姜

从根茎我们可以获得一株美丽的植株，并使其繁殖。

1. 所选用的根应具有许多白色的隆起部分和某些粉色胚芽。

2. 将它放在水里浸泡一晚，然后放入花园的基质中，让它的大部分都露在基质表面。再用些许土壤覆盖它，但要让它的一部分裸露在外面。喷过水之后，就用保鲜膜将它盖住。

3. 抽芽之后（大约 10 天之内）可以将保鲜膜揭开。

4. 在温暖的季节，可将它放置在室外，但在冬季必须保护植株，将它搬入室内。

菠萝

简直就是场令人惊艳的视觉盛宴！随着时间的流逝，我们最终会在植株的上部依稀看见长出一颗新的小菠萝，真的很神奇。

1. 将菠萝叶取下，叶子底部要带有 2 厘米厚的果肉。

2. 将它放在水中几日，直至其生根。

3. 将生根的菠萝叶种在疏松的基质中，并每隔两日至给它浇一次水。

土豆

一颗土豆可以长成一株极具观赏性的植物，在房子的任何角落都特别醒目。凭借心形的叶片和其外倾的形态，它与任何架子都能相得益彰，感受自然光照。

1. 做种子的土豆要选用结实、肉质丰满且不发软的，有的土豆已经发芽或生根了，这样的用来繁殖要好得多。

2. 将它放在一个盛有水的杯子或透明容器中。不要让土豆的底部触到容器的底部，容器的宽度也应足以容纳由土豆生出的许多根。

3. 等待土豆发芽。可能要等三周才会长出首批新芽。它一旦发芽，就会生长得特别快。注意，要一直保持水位至瓶口不变。

胡萝卜

胡萝卜的叶子可食用，许多人将它当作欧芹一类的芳香植物。要想获得这些叶子，你只需要保留胡萝卜的顶部。

1. 选用新鲜的胡萝卜。若它的顶部有点发青更好，从顶部切下 5 厘米长的一段。

2. 将这些胡萝卜头放在一个浅盘中，切面朝下。加水，让胡萝卜头的一半泡在水中。

3. 将盘子放在能受到阳光照射的窗口旁，并按需往盘里加水，以维持其恒定的水位，因为水分会被吸收和蒸发。

4. 只需一至两周时间，胡萝卜的叶子就会长出来了。

柑橘类果树

它们在室内外都能茁壮生长，可以在种植 5~7 年后结出果实。

1. 将种子取出来，在温水中略微清洗一下。

2. 将种子埋入基质 1.5 厘米深的地方进行栽培。浇水之后，用保鲜膜将花盆罩住。

3. 将花盆放置在温暖的地方（20ºC），种子将在三至八周的时间内发芽。一旦发芽，就将保鲜膜揭开，保持基质的湿润。随着它们的生长，你会发现它们周围散发出一种非常鲜美宜人的气味。

如果你在蔬菜店看到各种各样美味的金色樱桃番茄，不要犹豫，实些来尝试用这种技术栽培看看。

番茄

下面讲一下最简单的家庭种植番茄的方法。我们也可以留种，尽管事先必须要对种子进行艰难而漫长的浸种处理。

1. 将番茄切成约半厘米厚的片，检查它们是否含有足够的种子，将番茄片摆在装有基质的花盆里。仅在它们的上面撒少许基质或蛭石，并给它们浇水即可。

2. 约两周后，番茄会逐渐发芽，上面长出很多幼苗。

3. 记住，为了使它们在整个生长过程中都能茁壮生长，必须进行间苗：拔掉一些幼苗（建议丢弃最弱小的苗株），为所留用的苗株提供更多的生长空间。否则，所有的幼苗都会挤在一起，不会生长得很繁盛。随着番茄的生长，还要给它们搭个架子。

番茄生长的基本条件

• 多孔隙和排水性良好的基质，与用于播种和种植微型菜苗的基质类似（请参阅第 152 页）。

• 将试验种植的植株放在光线明亮的地方，且最好是在温暖的环境中。

• 每日浇水以保持水位，因为水分会慢慢地蒸发掉。

• 保持基质潮湿，但不要让它湿透。

• 每周将花盆旋转四分之一圈让它们均匀地接受阳光的照射，以促进植株的生长。

5 如何防治病虫害

过度浇水或排水不当可能会让我们的植物遭受各种真菌的侵害，这些真菌可能是经植株的伤口或直接通过根部侵入的。如遇到这种情况，必须使用特定的技术或产品（有机的或无机的）来对抗它们。

大蒜酒精

是一种天然的杀虫剂、杀菌剂和杀螨剂，也是帮助维护我们植物健康、免遭虫害的好帮手。将半升水和半升酒精与五瓣蒜勾兑，然后将勾兑好的药剂过滤、标记，再放入冰箱冷藏，方便随时取用。每隔半个月或每次雨后，在黄昏时分给植物施用，切勿在阳光的照射下施用。

蚂蚁和软体动物驱赶剂

要配制 1 升的驱赶剂，可先在一个玻璃瓶或 PET 塑料瓶中加入一半的水和一半的酒精醋进行混合。

再往里加入点桉树精油（60 滴）和手工捣碎的薄荷叶。在用喷壶施用之前，要让它们充分浸泡并在冰箱中冷藏至少一晚。

病虫害及常见问题

无论是在室内还是室外，控制病虫害是让花园中的植物保持健康的关键。因此，我们应给予植物适当的照料，必须培养自己观察的习惯，时刻关注是预防病虫害的最佳选择。

粉螨或红叶螨

如何辨认它们

我们的肉眼很难察觉螨虫但可以辨认，是因为它们吮吸叶片汁液会使其产生白色斑点，这些白点之后会变成灰色和棕色的斑点。有时，它们还会让叶片变透明，我们也会在顶芽或叶片的背面发现其结网。它们通常在干燥和温和的气候中出现，因此，夏季会在室外，而冬季会在有供暖的室内出现。

如何预防

它们最害怕寒冷和潮湿。因此，建议用水经常喷洒室内的植物，且每隔半个月都要用大蒜酒精喷洒所有植物，也可以在植物的茎部四周和基质上撒硫黄粉来预防。

有机溶液

乳化油、苦楝油。

化学溶液

杀螨剂。按说明书上指示的量使用，必须每年更换产品以增强其效用。

鼠妇

如何辨认

是一种附着在植物的茎和叶上的微小甲壳纲害虫。它们通常附在叶片的中脉上，继而遍布整株植物，如果我们不及时消灭它们的话，它们会繁殖得非常快。鼠妇有不同的类型，其区别在于有的鼠妇全身被蜡质层覆盖，通常为盾状或甲壳状，而有的则像棉花一般。很多时候，它们也会攻击植物的根部，并附着在茎和叶上，吮吸汁液。

如何预防

将植物放在通风、凉爽且光线充足的地方。保持叶片干燥，避免堆积不必要的水分，每隔半个月要施用一次大蒜酒精。

有机溶液

消灭它们的唯一方法是让它们从植株上脱落。很多时候，受到它们攻击的植株往往是长满刺的仙人掌，为此，建议用两勺柔肤皂末兑1升温水，再加两勺酒精混合成药剂。用它喷洒患虫害的部位，然后一梳，鼠妇就会脱落。最好是用旧的牙刷或小棍子梳，鼠妇一旦从植株脱落就会死亡。你会发现受虫害影响的部位色泽要比植株的其余部位浅，这是因为该部位缺少汁液，被鼠妇吸走了，但消灭掉它们植株会慢慢地恢复过来。

化学溶液

用除虫菊酯配制的杀虫剂、除螨剂。

蚜虫

如何辨认它们

蚜虫的颜色各异，呈芝麻粒大小，在炎热的季节尤其会侵害花茎和新芽。它们会蜕皮，将蜕下的小壳留在植物上。受它们侵害最明显的症状是植株会变形，且蚜虫会分泌蜜露以吸引蚂蚁，从而导致新的病害产生。

如何预防

可在生长最茂盛的品种（如拟石莲花属植物）附近种植芳香植物或荨麻。

有机溶液

将受虫害影响最重的部位去掉，并用肥皂水和酒精配制的溶液喷洒，溶液内还需加入用三根烟蒂浸泡一晚后过滤得到的水。

化学溶液

防治蚜虫的杀虫剂。

粉虱

如何辨认它们

粉虱是一种完全不引人注目的虫害，你很可能会在触摸植物时，在不经意间发现有一团团白色虫子出现。它们一年四季都会出现，但在冬末和初春更常见。

如何预防

为植株保持良好的通风和充足的光照，以及养分均衡的土壤。芳香植物、孔雀草和金盏花都可以驱赶蚜虫。

有机溶液

用肥皂水喷洒（其配方和对付鼠妇的一样）。

化学溶液

效果显著的杀虫剂有苦楝油，蚜虫的卵具有极强的抗药力，因此要始终遵守产品的使用说明，必要的话须重复使用多次。

蚂蚁

如何辨认它们

最常见的有黑蚂蚁和红火蚁。若我们没有在它们侵害植物的时候看到它们，也可以在叶缘出现孔洞时从它们的咬痕或通过蚂蚁窝辨认它们。

如何预防

它们的出现常与其他害虫的出现有关，如蚜虫。蚜虫为了抵御天敌，会分泌甜味的蜜露作为交换。

有机溶液

可以将沸水倒入蚂蚁窝，或者撒点经过橙汁浸泡的碎米饭，这些米饭被搬到蚂蚁窝后，会形成具有破坏性的真菌。

化学溶液

灭蚁饵。

蜗牛和蛞蝓

如何辨认它们

它们会在叶子中央留下孔洞和黏液的痕迹。当天气炎热潮湿或雨过天晴时，它们就会现身。

如何预防

在要保护的品种周围撒上一圈干木屑、沙子、石灰和松针。

有机溶液

啤酒或牛奶溶液似乎是它们最喜欢的饮料，将制好的溶液半盖上埋入土壤里，里面的液体一旦干涸或蒸发了就要更换。你会发现访问这些溶液的“不速之客”都已溺毙在里面。如果没有效果，你可以在晚间或者清晨亲自动手处理它们。

化学溶液

若它们的侵害规模较大，建议使用灭蜗牛剂和灭蛞蝓剂。

建议

- 只使用授权产品。
- 购买产品之前要仔细阅读标签，并严格遵守产品的说明。
- 将它们保存在原来的容器中，置于避免儿童和动物的碰触且远离食品的地方。

只要使用化学品，就必须戴手套，并使用专用的容器，如专用的喷雾器、提桶和水桶，或者用完后就将这些容器丢弃。完成杀虫任务后，要好好地清洗双手和手臂。

常见病害及其解决办法

它们可能是由真菌、病毒和细菌组合而引起的。由此产生的病害无法恢复，但我们可设法阻止它们的发展和蔓延。由真菌引起的病害与浇水过多，或与湿气再加上寒冷有关：对某些品种来说，这是非常有害的，如多肉植物。细菌会通过伤口入侵引起感染，进而影响植物组织。当我们发现有病株时，要将它与其他植株分开并进行隔离，直至其恢复为止，这样能避免它感染其他的植株。

基腐病

若你发现自己的仙人掌和多肉植物的茎变软或变色，那是因为它们因水分过多而腐烂了。一旦发现这种病害，要挽救植株或至少其中的一部分，就得立刻用一把锋利的棘轮将茎剪下，将植株与腐烂的茎和根分开，要确保将腐烂的部位完全清除干净。然后等切口晾干后，再按照茎插的步骤繁殖（请参阅第 164 页）。

黄化

指茎叶拉伸和变色。当缺少光照时，我们发现植物的茎会变得修长，褪了色且无生气。黄化在多肉植物中很常见，因为它们很喜欢阳光的直射。若发现这些症状，应将花盆移到可接受更多光照的地方。如有必要，可以修剪一下植株，使它再次发芽时能恢复其原来的株形。

如果植株表现出缺水的症状，应立即浇水或将花盆马上浸入水深低于花盆高度的水中，以使植株尽快恢复生机。我们还可以给其喷水以促进光合作用，但是多肉植物除外。

仙人掌裂开

如浇水过多或再加上霜冻，会冻伤仙人掌的茎而形成裂缝。这些裂缝促进了病菌和真菌的滋生，会侵害仙人掌的皮。为了避免这种情况的发生，要在秋季减少浇水，冬季甚至得暂停浇水。可在裂口上撒肉桂粉、硫黄粉或者滴蜡，使伤口更快地愈合，从而避免病害。

植物色素沉淀

若你的多肉植物颜色变深，如发红或变为深绿色，是因为它们所暴露的环境光照过强或温度过高。这并不是植物遭遇病害的症状，随着露养时间的增长，植株色素会沉淀变化是正常的。杂色物种需要更多的日照来维持它异于其他常规品种的特质。

叶基干枯

你会发现，有时多肉植物的叶基会开始枯萎，直至完全干枯，它们还会自行脱落，这是个完全正常的过程。植株的顶部长出新叶，而老的叶片就会渐渐地死去。我们建议去除所有已干枯的叶片和花茎，避免它们影响空气流通，有利于植株生长，从而减少病害。

茎叶被灼伤或长斑

要辨别斑点是因晒伤、霜冻还是干旱造成的。若茎叶遍布黑斑或者褪色，说明它患有虫害或病害。

茎叶破损或断裂

辨别它是因强风、风暴、蚂蚁、冰雹还是儿童或宠物嬉戏造成的，并予以纠正。

新芽上有黄叶

这在茉莉花中很常见，是因缺铁造成的，可通过添加堆肥和泥炭土来补充，也可在花土里埋铁钉。

常见疑难

• 芳香植物通常不会遭受虫害。但是，如果湿度过大、光线不足或过于拥挤，它们也可能会遭受虫害的侵袭。因此，必须保护它们免受霜冻，芳香植物对此特别敏感，尤其是口感相对轻薄、香气较淡的香草。我们建议及时去除杂草，因为杂草除了会使幼苗失去光彩之外，还会与它们争夺光照、水分和养分。

• 猫和狗会垂青于某些植物，它们总是在其中钻来钻去，进而破坏这些植物。为了制止它们，可悄悄地在花盆里撒些樟脑丸或橙子皮，也可以用胡椒粒泡的水喷洒被侵袭的部位，通常这样也能驱赶动物。

• 强风的直接影响是会使灼伤的焦叶变黑。如果受强风的影响再大些（在沿海地区实属正常），植株就会倾斜地生长。解决这个问题的办法是安装防风屏障或利用更强韧的品种做树篱，以保护比它们更小的、受强风影响更大的植株品种。

• 冰雹会摧毁植物的花朵和果实，依据其强度还会击穿植物的叶子和茎秆，但这很难预防。有时，它会给植物的外观造成难以弥补的损失。因此，建议谨慎行事，一有相关气象预警就将植物保护起来，安装预警信

号钟、细铁丝网、塑料薄膜或遮光网，以免植物遭受损害。如果你的植物受到冰雹的影响，建议对其进行修剪，以使它们恢复生机和活力，然后再次抽出新芽。

• 霜冻和晒伤的危害也一样：叶子变黑，花朵破损，花蕾和新芽都会变得虚弱无力。更为严重的是，冻结会使某些品种的汁液结晶，比如仙人掌，以致仙人掌的茎表面出现裂缝。解决这个问题的办法之一是在寒冷的季节减少浇水，将不是很耐寒的品种多加保护，如添加木屑保护植物的根部，并以此给土壤保温。

• 高温会导致植物叶片干枯和花朵枯萎，使植株的外观看起来更萎靡。建议选择适合炎热地区的品种，如芳香植物、多肉植物或松柏目植物，并将它们按品种汇集栽培，以减少它们之间的相互影响，使其相互成荫。浇水是滋润植物的关键。如果浇水后，叶子尚未恢复生机，可剪去枯尖以使其再次发芽。

• 鸟类会不停地盗走我们要收获的果实。为了避免这种情况，可设置保护网或者架设用旧光盘制成的移动防护设备，光盘的反光会让它们避而远之。

维护植物健康的建议

- 定期检查植物以及时治愈它们，并清除受损的部位和凋零的花朵。
- 让基质中保持没有杂草。
- 可放置珍珠岩和蛭石，以促进土壤的排水性和增大孔隙。
- 确保花盆的排水性好。
- 将基质浇透，但不要淋湿叶片和花朵，因为若接触阳光，留在上面的水珠会导致它们被灼伤。
- 若某棵植株因浇水过量受损，建议你将它从湿透的基质中取出，用纸巾吸干其根部的水分，再将它种到新的干燥基质中。之后，要再等几天给它浇水。
- 修剪和繁殖：这不仅有利于培养新株，还可以使老株恢复活力，使其生长得茁壮有力。
- 让植物距墙壁远些，避开盛夏的高温，以防止叶子变为棕色。如果有这类情况发生，则要将变色的部位剪掉并丢弃。
- 每一年半要更换一次基质，以补充它的养分。
- 每隔半个月，要将花盆转四分之一圈，以促使植物均匀地生长。如果它们正在开花，就不要挪动花盆。
- 工具在使用之前，必须灭菌消毒，特别是刀具：可以加热或用酒精浸泡。
- 丢弃或焚烧有病害的植物部位，还有它们的基质。不要再使用该基质，因为这可能会传染给其他植株。
- 在春季和夏季施肥：除了使用质量好的基质以外，建议添加一些专用的肥料。许多植物品种在开花期间都会消耗大量的养分，因此，帮它们恢复能量是一个很重要的问题。
- 肥料以各种各样的形式销售：液体、粉末、颗粒、片剂、饵剂或块状。在使用前，必须阅读制造厂商的建议，注意所使用的剂量。很多时候，过量可能有害。
- 叶面喷雾剂或增亮剂：请勿滥用，建议用最小的剂量，也不要频繁使用，因为经常使用会堵塞叶片上的气孔。
- 每六个月加一次堆肥以加强肥力，以免植株营养不足。

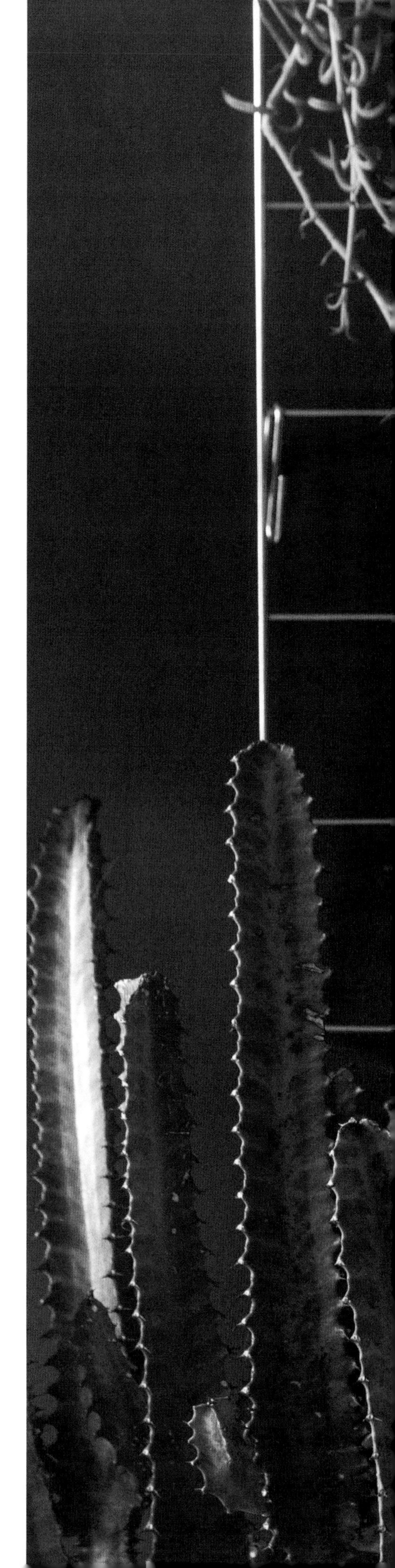

6 植物装饰

植物装饰

早在远古时代，人类就常出于装饰目的，用自然元素装点仪式典礼，祭祀神明，或与逝者告别。在所有文化中，花卉、枝条、苔藓、蕨类植物、石块等自然元素总是被反复使用。

毫无疑问，花卉是最常用的。它们形状好看，色彩艳丽，香气的力量使它们充满了象征意义和神秘气息。在节日期间，可以用花卉编制花冠，装饰拱门，装点房屋。

随着时间的流逝，许多这样的传统已经消逝了，现代生活使我们远离了用自然元素创造的仪式。我们试图恢复这些传统，重现手工制作品的价值以及与自然的联系。因此，我们构思了这些用多肉植物来制作的植物装饰品。多肉植物被认为是新兴的花卉，因为它们能让我们依据多肉叶瓣，构思充满生命力的装饰品。

苔玉和玻璃景观容器将为你的房屋营造氛围，为某场活动布置环境，也可将其用来馈赠亲朋好友。

与用完之后就会凋零的传统花束不同，多肉花束可以被拆开，它的每一个叶瓣都能进行扦插种植。这是一种恢复传统的方式，多肉花束可以馈赠、保留和扦插种植，用以纪念某个别具意义的特殊时刻。

制作多肉襟花和项链

材料

• 选用细小的多肉插条，如景天属、石松属、风车草属、拟石莲花属、小型莲花掌属，以及某些悬垂型多肉植物，如绿之铃。

• 剪刀

• 绑花带

• 绑花铁丝

• 拉菲丝带、缎带、蕾丝带等

• 大头针或带钩小别针

制作襟花、胸饰、手镯或其他任何你想要制作的东西时，为避免过分地装饰，可以融合两到五个品种。有时，少即多，在这些制作中，所选品种发挥着巨大的作用。结合它们的形状、颜色和质地，能帮助你做出更芬芳馥郁、精致优雅的装饰物。

我们建议将重点放在一个品种上，选它作为主角，其他的作为配角相衬，最后加上些悬垂型品种，让成品具有独特的线条，使它们看起来极为自然。多肉植物也可以和鲜花或干花、植物叶片或其他的自然元素（比如小菠萝或植物果实）搭配。须注意，这些元素是没办法移栽的。

设计理念

若你只用多肉植物制作多肉项链和襟花，除了让多肉植物在无基质的情况下存活几天之外，要在用多肉项链和襟花之日的前一天制作，以使多肉植物的肉感更加丰润，在活动期间维持其最佳的状态。若在干燥的地方扦插，切记不要让多肉插条受阳光的照射或沾水。在使用或交付它们之前，要将它们保存在通风良好、有自然光照的地方。

将它们放在盒子里（在最后一分钟盖上盖子）或托盘上，这样看起来会更好。

用这种手法，还可以制作头饰和花冠，只要你鼓起劲儿有所创新就行。

襟花的制作步骤

• 每枝茎取几根多肉植物插枝，茎长最多 5~7 厘米。建议将插条下部的叶片去除，让茎更光裸，以便能更好地操作。最好是将所有的茎拢到一起，用一条绑花带将其绑住。

• 然后用选好的装饰带将绑花带盖住。将装饰带转几圈，并打一个花结或蝴蝶结固定，可以滴一滴胶水来固定装饰带和蝴蝶结。

• 小心地将一根别针穿过装饰带，人们可通过这个别针将襟花戴上。

项链的制作步骤

• 制作项链要取一段长约 15 厘米的细铁丝，用手将它稍稍拉弯，卷成一个密闭的圆圈，并用镊子把细铁丝的两端都扣紧。

• 挑选不同的多肉叶瓣，大小都有，还有的为悬垂型，将它们沿铁丝圈摆放，营造出一种别有趣味的造型。从铁丝的一端开始，用绑花带固定多肉叶瓣，每片叶瓣都压在前一片上，相互间不留任何空隙。然后再用绑花带将扎好的多肉叶瓣扎牢，有必要的话可再加几片。

• 最后，只需用线、绑花带、链条或任何你喜欢的东西将铁丝圈绑上，多肉花环就做好可用了。

维护

当你将这些胸饰或项链交给客人，或为他们佩戴时，可以告诉他们这是“有生命的纪念品”，可将它们带回家，将它们静置3~5天之后拆开，再将所有的多肉叶瓣一起扦插到一个小花盆里，从扦插的那一周开始给它们浇少量水。

这样就有全新的绿植伙伴了！

制作鲜活的多肉手捧花

材料

- 选用大小不一的多肉插条，比如十二卷属、风车草属、各种拟石莲花属、绿之铃以及覆盆花属等。
- 剪刀
- 绑花带
- 绑花铁丝
- 拉菲丝带、缎带、蕾丝带等
- 针和线

设计理念

手捧花的造型可以是圆润的、对称的、三角形的、向下悬垂的或有点不规则的。在这种情况下，多肉植物也可与鲜花、干花、植物叶片以及其他自然元素结合在一起使用。

在制作手捧花的过程中，建议用手拿着它站在镜子前，从正面以及各个不同角度和距离来看手捧花的效果如何。

制作步骤

• 首先用铁丝将多肉插条扎起来，建议在捆扎之前将干枯、不好且有斑点的叶片去掉。取一段约 30 厘米长的铁丝，将一端弯折卷成钩，然后将不带钩的一端穿过多肉植物，从上至下穿，以使铁丝钩最后固定并埋入多肉植物的茎中，另一种是用铁丝戳穿或缠绕每株多肉植物的茎。然后，用胶带纸将铁丝与多肉植物的茎紧紧地缠住并加以固定。

• 将所有多肉植物都用铁丝捆扎好之后，就可将不同的多肉植物品种搭配在一起做成手捧花。首先要挑选作为主花材的多肉植物，然后加入其他的多肉植物作为副花材搭配。一只手将所有多肉植物的茎抓牢固定，以便能旋转手捧花，从不同的角度观察它的同时，用另一只手调整手捧花。用胶带纸将每根与多肉植物捆扎好的铁丝缠好固定，形成最后的花束。

• 最后，在同一长度位置将所有铁丝剪断，再挑选装饰带缠住铁丝，将铁丝完全覆盖，这样花束就做好了，装饰带也会缠得很紧。

• 多肉手捧花制作的时间不能早于活动前一天，要是用到了鲜花，则应在活动当天制作。应将其放置在阴凉的地方，且不要让多肉插条受到阳光照射或沾水。

• 在交付和使用手捧花之前，要将它保存在通风良好、有自然光照的地方。最好是用纱纸包裹起来放在盒子中，以免其受损。

维护

可将多肉手捧花扦插到基质里，作为对活动那天美好而鲜活的纪念。只需要将手捧花放置一周，就可将装饰带和铁丝拆开，进行扦插。之后每隔半个月要浇一次水。

制作苔玉

苔玉在日语中意为苔藓球，是一种展现你喜爱的品种的精致手法。此外，苔玉是可持续供养的，因为它不用花盆，植物的所有根系都包含在“苔藓球”内，这是一种相对容易操作的手法。随着不断地练习，你制作苔玉的手法会得以完善，并享受对这些绿色小雕塑的创作过程。

材料

- 一株根部裸露着的幼苗
- 适宜这类植物的基质
- 棉线
- 尼龙线
- 装水的喷壶
- 冰糕棍或勺子
- 剪刀
- 手套

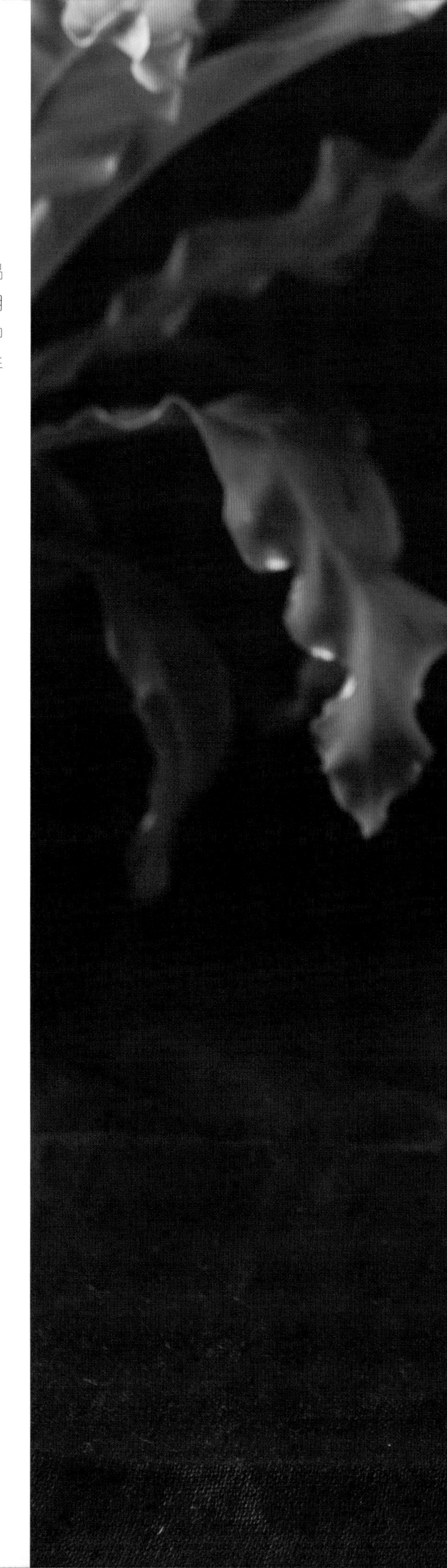

制作步骤

• 手握幼苗，轻轻地抖掉其根部的多余土壤。制作时，用一点苔藓将幼苗的根裹好，以保护它们。进行下一步的时候，将幼苗放置在一边。戴上手套，将基质弄湿，取一部分基质慢慢地揉成球，用以包裹植株的根。

• 揉成的球大小必须与要放入其中的植株大小相称。如果在揉捏的过程中，基质球裂开或散开，可以一点点地加水，使其更容易揉捏成形。

• 将球捏好后，用一根小棍子或勺子的手柄将球分成两半，小心地将裹满苔藓的植株根部放入其中。

• 然后将基质球的两半合拢，如有必要，可再添点基质，将它重新揉捏成球。

• 用棉线沿中间缠绕基质球，多缠几圈，然后打双结，就好像在织毛衣一样。这样做是为了让球不散开，以便我们能轻松地制作。

• 取一些苔藓，将其压平呈垫子状，用它将基质球完全包裹住。建议给苔藓喷点水，以便能更容易摆弄它，包裹基质球。首先将基质球放在苔藓垫的中心位置，然后将苔藓垫的各个侧面拉起，将基质球完全包裹起来。若苔藓不够就加点，如果多了，就要把多余的苔藓去除。

• 用苔藓将基质球完全裹好后，要用尼龙线或聚酯线（颜色最好和苔藓的一样）在球体中间打一个双结。绑线朝植株方向要留出约 10 厘米长，注意不要把这截线弄丢了，继续用线将基质球缠绕完后，我们需要用这截线尾与绑线的另一端拴牢。

• 之后，再用尼龙线执行和棉线一样的操作，缠绕球体，注意要缠好几圈才能将苔藓固定好。缠线的时候，要将线稍稍拉紧，使其不松动，将缠线的末端与最初打双结留出的那截线绑在一起。

• 苔玉做好后，你可以用它装饰自己喜欢的角落，作为纪念品或礼物馈赠他人，也可像悬垂花园中那样将它挂起来。

• 制作苔玉，可以使用室内植物、热带植物或水果植物，其护理和浇水均由所选的品种而定。我们喜欢用多肉植物制作苔玉，因为这种技术增强了多肉植物造型的雕塑感。

维护

用浸水法浇水，每次将球体完全浸入水中约 10~15 分钟。若是多肉苔玉应每周浇一次水。若是热带植物或室内植物的话，应根据苔玉球的大小，每天或每两天浇一次水。必须将苔玉放在光线充足的地方，以免阳光直射。

在玻璃景观容器中造景

材料

- 透明容器（广口瓶、糖果罐等）
- 轻质黏土陶粒或小石子
- 基质（应采用栽培仙人掌和多肉植物的基质）
- 蛭石
- 珍珠岩
- 切碎的植物炭
- 苔藓
- 选择外形和颜色各异的品种
- 饰面材料：小石子、蜗牛壳、苔藓和植物枝条

工具

- 小铲子或勺子
- 耙子或叉子
- 小刷子
- 协助扦插的小木棍
- 仙人掌专用镊子
- 小喷壶或滴管

制作步骤

• 在选定的容器底部铺上轻质黏土陶粒。这个步骤对没有排水孔的容器来说至关重要，因为若浇水过多，水会流向底部的小石子，不会接触到植物的根，可防止烂根。

• 然后交替铺上不同的造景成分，如堆积地层一样。可随心搭配各种不同的色彩：珍珠岩、蛭石和颜色各异的经抛光的小石子都格外吸引人。

• 布置的层数少些，但每层更厚些，这样的效果会更好。

• 各层交替布置至玻璃容器的一半位置处，顶上倒数第二层应为厚度 2~3 厘米的基质，最顶层则应为饰面材料，建议在这一层铺上细小的石子或蛭石。

• 弄湿基质，用一根小棍子或勺子的手柄在想要种植的所选植物的地方挖个小坑。建议挑选颜色和形状各异的品种，再按自己的喜好组合。

• 种植时，用小木棍小心地拨拉基质和饰面材料，以覆盖植物的根部，并将表层清理平整。若在这个过程中，玻璃容器壁被基质弄脏的话，可用小刷子将其清洁。

• 还可使用颜色各异的石头、苔藓、蜗牛壳，甚至是小玩偶或小动物来使你的玻璃容器更为个性化。

维护

玻璃景观容器需要良好的自然采光，但不能受阳光直射，否则容器的内侧会凝结水汽，导致发霉和长青苔。应为玻璃景观容器找一个光线充足的地方，在室内或半遮蔽的环境下为好，但要避免雨淋。每周浇一次水，注意不要积水。若玻璃景观容器表层有苔藓，要记得将它拿起来后再浇水，然后再重新将它摆好。若直接给苔藓浇水，可能会导致其湿度过大，助长真菌的滋生。将大小和形状不同的玻璃景观容器分组摆放在一起，在它们的周围放置种有你喜爱的植物的其他类型的容器。

制作多肉花环

材料

- 铁丝网（一个 50 厘米 x 20 厘米的矩形）
- 苔藓
- 栽培多肉植物的基质
- 多肉插条（不一定非要带根）

工具

- 扎带
- 剪刀
- 木签子或尖头剪刀
- 布带、蕾丝带、粗麻绳或琼麻绳
- 装水的喷壶

制作步骤

• 在整个铁丝网上铺一层苔藓，给苔藓喷水，将它弄湿。查看铺好的苔藓两面，将看起来较好的那一面朝上。

• 在苔藓中间撒上一些基质，作为花环的中心。若你想让制成的花环只保留几周，可忽略基质不加。若添加基质的话，这些植物可以生根，会长得更好，存活时间要长得多。

• 将铁丝网合拢卷成一股，让铁丝相互缠绕，并加以固定。如有必要，可以使用镊子、额外的铁丝或扎带。合拢的铁丝网必须呈螺旋线圈状，随后将其弯成圆圈，直至可以将铁丝网圈的所有端点都合拢，让铁丝相互缠绕，使其固定。如有必要，可用扎带扎牢，确保铁丝网圈完全合拢。

• 花环造型结构做好之后，就可以开始进行你的设计创作了。可用小木棍在苔藓上戳若干个小洞，以便能更加轻松地将插条和多肉植物插入。如果多肉植物茎的下端有很多叶片，可以将它们去除一些，以便能更好地插入。

• 一根根地将插条插入，以完成花环的造型。若有顽固的插条总是脱落的话，可用绑花铁丝制成卡子将其卡住，固定多肉植物的茎。

• 搭配插入不同的品种，效果会很棒。注意插条不要太大或太长，需挑选茎短的莲座状叶丛，巧妙搭配不同品种的色彩，以打造出完美的花环。

• 若插条不太多，无法将整个花环全部插满，建议将插条归类集中插入，让花环剩余部位的苔藓露出来，或者将种子、干果、绸带、蝴蝶结、松球或你喜欢的任何饰品粘在这些部位，或用相称的细绳将它们绑牢。

• 最后，用漂亮的绸带、蕾丝带或牢固的细绳将花环绑好，以便悬挂即可。

维护

建议将花环平放至少一周时间，以便其中的多肉插条开始长出芽并稳固下来。一周之后，每隔四天给花环喷一次水，要尽量不淋湿上面的植物，使水能浸透花环中间的基质。将花环置于不受阳光直射、免受雨淋的地方。若花环仅仅是用苔藓填充的，你可以随时将它拆开，把多肉插条扦插到花盆里。采用这一技术，还可以创作出各种不同的造型，比如用多肉堆成锥体，制作多肉圣诞树，或为某一特殊活动用多肉组合成创意字母或数字。

7

如何享用菜园的果实

要充分发挥你的创造力，可以将饮品装在各种极具创意的容器中，比如老旧的广口瓶、花瓶、茶壶、马克杯、茶杯以及其他任何你能想到的容器，只要它们有益于植物健康、干净就可以。

家庭小吧台基本调制工具

无论家里的空间多么有限，你都可以利用一个角落来弄一个小吧台。无须当调酒师，也不用配备专业工具，你只需常备这里我们给你介绍的一些工具及其替代品，即可调制鸡尾酒，让你的客人惊喜无限。用你花园里的新鲜香草，可为你调制的任何饮品都带来一股独特的味道。

1. 摇酒壶

也可以使用两个杯子，确保其中一个可以套在另一个里面。最常用的摇酒壶是法式的，但也有波士顿摇酒壶和曼哈顿摇酒壶。可用来混合和冷却配料，千万不要混合碳酸饮料来调配饮品。

2. 开瓶器和木塞起子

是启开盖必不可少的工具。

3. 量杯或量酒器

它可用于以盎司为单位表示的酒谱，尽管也可以用以毫米、勺或份表示的等量来调制。请参考此换算：1 盎司 ≈ 30 毫升（恰好为 29.6 毫升）= 6 小勺 = 2 勺 = 1/8 杯。

4. 子弹杯

子弹杯非常适宜某些需单独饮用的利口酒或其他调酒。

5. 滤冰器

它带有一圈内置的弹簧，适用于各种大啤酒杯、玻璃杯或鸡尾酒杯的杯口，用普通的过滤器也可以。

6. 榨汁器

7. 切菜刀和切菜板

8. 研钵和捣棒或臼子

可以用一个杯子和大木勺代替。

9. 盛冰器和冰夹

10. 榨汁机或搅拌机

是用来碎冰和调制冰镇奶昔的最佳工具。

11. 果汁冰糕

12. 各种杯子

最经典的是装短饮的小杯、威士忌酒杯、长饮杯、马提尼杯、飓风杯和长笛香槟杯。啤酒适用矮脚球形大酒杯或品脱罐和半品脱的量具，还有喝桶装啤酒的半升量的杯子。

13. 长柄小刀或长勺

不可或缺的配料

基酒

你无须购买大量的酒精饮料，从你最喜欢的几瓶开始即可。可以是某种苦味酒或气泡餐前酒，然后辅以上好的伏特加，它是目前现有的最中性的酒精饮料基料，在你调制和创造新饮品时，为你打造一系列调制的可能。若你更喜欢威士忌、琴酒或龙舌兰酒，不要犹豫，果断买下。

调味品

可用苏打水、你喜爱的水果的天然果汁和果肉，一定要用应季的水果。

香草

不光只是经典的薄荷叶可用，鸡尾酒吧最常用的香草有：留兰香、罗勒、百里香和鼠尾草，你也可尝试使用其他的。

糖浆或糖蜜

仅仅用于给饮品增加甜味，因为糖遇冷极难溶解。它们的调制方法是，在一个小锅中混合半锅水和半锅糖煮沸几分钟，然后再加入你挑选的香草、种子或茶包。将它们瓶装后可在冰箱中保存长达三个月。

香草冰块

它们不仅是一种为香草保鲜的好办法，还能让我们随时都有香草可用，我们可以用独特且与众不同的口味来款待朋友们。一杯简单的柠檬水，如果加上薄荷和生姜冰块，味道就会截然不同。再加上些可食用花卉的话，那味道就更不用说了。

鸡尾酒装饰物

它具有三重功能：装饰、调味和给一杯鸡尾酒封杯，很多时候我们都没有好好地完成这个过程。装饰饮品的所有目的在于：以极具格调的细节给人带来惊喜，用来为鸡尾酒增香或增味的元素众多。要挑选合适的装饰物，经典的做法是选择酒谱中已有的某一种配料，以增强它的风味：用苹果片装饰苹果马提尼，或者用黄瓜丝为由亨利爵士金酒调制的金汤力增味。在其他情况下，则尝试用与饮品的香气和口味相反的装饰物，以期在口味和香气上达到平衡，比如，在调制啤酒鸡尾酒时用辣椒粉给杯口加霜，调制传统鸡尾酒玛格丽特时则用盐给杯口加霜。

可食用花卉

它们必须是有机的，也就是说它们是没有被施用过任何杀虫剂或肥料的：花店购买的花可不行。只有我们自己花园里栽培的花，以及为食用而用专用包装密封出售的花卉才行，并非所有的花卉都是可以食用的。下面列举些可食用的花卉：金盏花、康乃馨、菊花、旱金莲、薰衣草、玫瑰、紫罗兰、孔雀草、秋海棠、三色堇以及所有葱属植物（韭葱、葱、蒜和细香葱）的花。

调制自己的饮品

充分利用好家庭菜园里的香草、自制糖浆，添加水果、香草冰块或某种比特酒，能使调制出的饮品焕然一新。通常规定的酒精比例为:酒精度为30%，其余的成分为70%。因此，必须根据你饮用的喜好来调制：若喜欢喝烈一点的，就多加点酒调制；若是喜欢喝口味淡的，就少加点。在添加薄荷叶或其他香草（如罗勒）之前，请将它们放入手中反复挤压（动作如拍手一样）。这个动作会释放出这些香草的精油，让它们的香气和风味更加突出。若你用的柑橘皮或莱姆片不仅仅是用于装饰的话，那么释放它们的香气和风味的窍门则在于将它们在饮品上方拧一下（就像拧一块布一样）。你也可以用柑橘皮擦抹杯缘，在饮用时，会给你带来一丝独特的口感。

想要调制一杯尚好口味的天然的风味特饮，其秘诀在于要提前一天调制，然后放入冰箱冷藏一整晚。先挑选一种水果，将其榨成汁或捣碎一点儿。将剩下的部分切成带皮的果粒，然后连同榨出的果汁和香草一起装入瓶中。你也可以用手撕碎一些自己喜爱的芳香植物的枝或叶添加到里面。最后添上水，再放入冰箱中冷藏即可。不用往里放任何增甜的东西，因为水果能自然地释放出糖分。

几款绝美的搭配

古典

柠檬 + 橙子 + 姜 + 薄荷 + 水

魅蓝

百香果或芒果 + 迷迭香 + 水

胡卡塔

一些白葡萄 + 罗勒 + 细香葱 + 水

冰茶

你可以泡制自己喜欢的茶或香草汁，待其冷却之后过滤、瓶装，然后放入冰箱中冷藏！

设计自己的啤酒鸡尾酒

它是以啤酒为基酒的饮品。以下几种搭配都较为完美：

黄啤酒 + 西柚 + 应季水果 + 迷迭香

黄啤酒 + 伏特加 + 黄瓜 + 细香葱

拉格啤酒 + 西瓜汁 + 香菜

啤酒 + 波本威士忌 + 蜂蜜 + 罗勒

啤酒 + 柠檬水 + 柠檬马鞭草糖蜜

啤酒 + 西娜尔+ 鼠尾草糖浆 + 西柚片

用一些稍加焗烤的水果，会给你的饮品带来一种与众不同的烟熏的独特香味。

其他饮料

豆蔻无花果浆迷迭奎宁水

配料

- 水
- 奎宁水
- 琴酒
- 迷迭香
- 糖
- 新鲜无花果
- 小豆蔻籽
- 冰块

调制步骤

制备糖浆。在小锅中加入两杯水和等量的糖，放入切成两半的无花果和小豆蔻籽若干。煮沸几分钟，期间要一直搅拌。然后关火，让其冷却之后再将其瓶装，让无花果粒和小豆蔻籽继续浸泡，然后放入冰箱中冷藏。饮用时，要将此糖浆过滤一下，除去小豆蔻籽和果肉。再在你喜爱的杯子里加入冰块、1.5 盎司精选琴酒和一点糖浆（3 勺左右）。用小勺将其搅拌均匀，再加入奎宁水至满杯。

装饰：可以用几枝罗勒和几瓣新鲜的无花果装饰。

西娜尔香槟饮

配料

- 水
- 香槟
- 西娜尔
- 冰块
- 薄荷叶
- 姜
- 营养甘蔗糖

调制步骤

我们需要再一次制备好糖浆。准备好小锅，放入半锅糖（在此选用营养甘蔗糖，它有焦糖味）和半锅水，加入几片姜片和几枝薄荷叶（品种任意），煮沸 3 分钟后关火。将煮过的汁过滤瓶装之后，放入冰箱冷藏（可保存达 3 个月之久）。在一个小罐子（在此为铁制，也可以用珐琅的或其他任何你喜欢的类型的小罐子），倒入 1.5 盎司西娜尔餐前酒（或比特酒）、等量的薄荷糖浆和姜糖浆，最后辅以香槟或口感更干的某种起泡酒（干型或特干型）至满罐。不建议加糖，因为甜味已由调味糖浆提供。

装饰：饮用时，插上吸管，并饰以几枝薄荷（在放薄荷之前要将它们放入手中轻拍几下，以让其释放精油，在饮用时便能闻到薄荷香气）和几片带皮的姜片。

香草芒果柿子清饮

配料

- 水
- 冰块
- 芒果
- 柿子
- 柠檬马鞭草叶、薄荷叶和罗勒

调制步骤

提前一天准备清饮，将水果块捣碎（带皮，无籽也无核），并用手将香草叶撕碎放入，可用研钵捣碎。将混合好的清饮装入瓶、罐或广口瓶（最好带盖）中，再加上些未经捣碎的果肉和所选用的香草的完整叶片。然后，将它盖上，并放入冰箱冷藏至少一晚，至多一整天。饮用时，在杯中加入冰块和新鲜水果，再倒入这种经过浸泡而酿制的清饮。

装饰：可以用糖给杯口加霜。先给杯口抹上柠檬汁或糖浆，然后再将杯口按到装糖的碟中蘸一下；也可辅以几瓣酿饮用的水果装饰，再撒上点茶叶。

香草口味的健康小食

它们是搭配开胃酒和看电影时所享用的最佳选择。若食用时现准备味道会更好，但也可提前一天烹制。

辣味鹰嘴豆

配料

- 250 克干鹰嘴豆
- 1 勺咖喱粉（也可用辣椒粉）
- 百里香叶、龙蒿或新鲜莳萝
- 2 勺橄榄油
- 盐

烹制步骤

鹰嘴豆用水浸泡一晚。第二日，将鹰嘴豆滤干，再与橄榄油、盐、咖喱粉和香草叶混合。之后将调好味的鹰嘴豆全部倒入烤盘。轻轻晃动烤盘，让鹰嘴豆在烤盘内分布均匀铺开，之后将烤盘放入烤箱，用中火烤制 30~40 分钟。每隔 10 分钟要检查一下鹰嘴豆是否有烤焦的，并适当地翻动一下它们，让它们能逐渐被均匀地烤到焦黄，当鹰嘴豆被烤至外焦里嫩时即可。若鹰嘴豆被烤软，但未至焦黄，要把烤箱温度稍微调高一些；若鹰嘴豆已经焦黄，但里外都发硬，则是烤得太过火了。

香草爆玉米花

配料

- 干玉米粒
- 油
- 4 勺黄油
- 迷迭香、鼠尾草和百里香
- 2 瓣蒜捣碎
- 盐
- 1 个柠檬，擦成碎末

烹制步骤

就像平时一样做爆米花（但不要加糖），在锅底放一点油，放入玉米，盖上锅盖，加热至其爆出爆米花。

在平底锅内化开 4 勺黄油，加入 2 瓣量的蒜蓉和少许迷迭香、鼠尾草和百里香。关火之后，将用黄油炒过的香草撒在还热着的爆米花上，再加入适量盐和柠檬碎末调味。

香草盐

保存香草的另一种方法是用盐腌，这些香草盐是给我们的餐点增添风味的绝佳调味品。

配料

- 1 袋粗盐或超细盐
- 香草叶

烹制步骤

采摘龙蒿、香菜、薰衣草花、迷迭香、罗勒、牛至和百里香。这种混合香草是普罗旺斯香料的经典搭配，你也可随意使用自己想用的香草，将这些香草和花朵放在烤盘上，再撒上盐混合。启动烤箱，用极低的温度烤制或让烤箱门半开着烤制，直到香草变脆即可。烤制时，要时不时地查看一下。待香草混合物冷却后，将它放入研钵或料理机中碾碎，再装入罐子中保存。烤制香草时，注意要将烤箱门关紧。

迷迭香焦糖杏仁巧克力

配料

- 400 克优质半甜巧克力
- 四分之一杯糖
- 100 克杏仁
- 3 枝新鲜迷迭香

烹制步骤

在研钵或深容器中，将糖和迷迭香叶压碎，这样可以释放出其精油的香气。在炖锅中放入杏仁和调味的糖，熬至形成糖块，且杏仁完全被糖浆所浸渍。将糖块放在厨房的大理石台面上、一块木板上或烘焙纸上，待其冷却。用沸水将巧克力融化。巧克力融化后，加入焦糖杏仁，还可加入几片迷迭香叶，然后将它倒入事先已铺上烘焙纸的大盘子里放凉。把巧克力切成不规则的块儿，然后尽情享用，也可用其他香草烹制试试。

致谢

《零基础打造家庭花园》不仅是我们的品牌，也是我们的梦想，这里我们与人分享自己的灵感的原因。首先要感谢一直陪伴我们的朋友们，诸位给我们的工作赋予了重要的意义。感谢诸位一直以来的建议和厚爱，也感谢大家成为这个让我们自豪不已的团队中的一员。

感谢记者维罗·马里亚尼在我们创立这个品牌之时，就为我们开放了自己的博客 Alma Singer，并一直为我们提供帮助和鼓励，也感谢所有支持和宣传我们工作的记者和媒体。

感谢我们的企业伙伴和从创始之初就陪伴我们、给予我们信任、助我们成长的品牌。尤其要感谢绿色混凝土公司的索菲亚·贝纳斯科尼和费尼扎·安尼卡塔香草铺的玛丽埃拉·纳塔利，与她们在一起，我们创作了许多作品。

感谢企鹅兰登书屋给予我们信任，让我们编写了这本书，也感谢我们的编辑玛加利·埃切巴恩，感谢她这几个月的努力，带领我们克服了重重困难，圆满完成了这个项目！

非常感谢维罗妮卡·帕斯曼，她全然了解我们对这本书的设想，并以十足的爱心和专注力对这本书进行了精心设计。也非常感谢我们的摄影师埃里卡·罗哈斯，她用自己精湛独到的视角，生动地拍摄了我们的工作和精髓，我们为此感到无比自豪。

最后，感谢你们，我们亲爱的读者，我们为大家构思和编写了这本书，希望你们喜欢阅读它。最重要的是，我们更希望你们能因此获得绝佳的栽培植物的灵感。

谨以此书向我的爷爷奶奶——塔塔和伊莎贝尔致敬，他们让我明白了与大自然接触的重要性；也以此书献给凯拉，她对手工活动的热爱深深地感染了我；也要以此书特别献给利托，我知道如今他代表他们四位，定会感到万分自豪。此书也献给我的父亲和母亲，因为他们各自都用自己的方式培养我成为今天的模样，在我疯狂失意时，给予我支持，让我获得卓越的成就。将此书献给塞西莉亚，感谢她在这场永远改变了我们生活的伟大冒险中与我们同行。献给皮拉，她百分百地坚信我有能力实现自己设定的一切目标，并适时鞭策我追寻这个今日已成为现实的梦想。谢谢你使我完整，亲爱的，谢谢你。这本书也献给我最珍视的未来：我的儿子，在他人生的最初几个月就陪伴我创作这本书：我爱你，盖尔。

米娜

谨以此书献给我的父亲和母亲，感谢他们用爱和善意养育了我，特别感谢他们，让我永远充满自信。此书也献给我的丈夫，感谢他给予我无条件的爱，总是为我提供庇护的港湾；感谢他陪伴和激励我实现自己的梦想和计划，也感谢他亲手为我建造了这个世界上最美的温室。此书还献给我的女儿玛蒂娜和卡塔丽娜，感谢她们在这场冒险中给予我如此出色的陪伴，感谢她们的笑容和拥抱，也感谢她们参与我的工作，甚至将它当作她们生活的一部分。也感谢我的合伙人兼朋友米娜，感谢你那么多年的植物创作，以及这本由我们共同写就的精美图书。

塞西莉亚

图书在版编目（CIP）数据

零基础打造家庭花园 /（西）塞西莉亚·伯纳德，（西）米娜·费雷亚著；段志灵译. -- 北京：北京联合出版公司，2022.7
ISBN 978-7-5596-6058-9

Ⅰ. ①零… Ⅱ. ①塞… ②米… ③段… Ⅲ. ①观赏园艺－普及读物 Ⅳ. ①S68-49

中国版本图书馆 CIP 数据核字（2022）第 046729 号

零基础打造家庭花园

作　　者：（西）塞西莉亚·伯纳德　米娜·费雷亚
译　　者：段志灵
出 品 人：赵红仕
责任编辑：管　文
特约编辑：苏雪莹
封面设计：鹏飞艺术

北京联合出版公司出版
（北京市西城区德外大街 83 号楼 9 层　100088）
天津丰富彩艺印刷有限公司印刷　新华书店经销
字数 320 千字　889 毫米 ×1194 毫米　1/16　15 印张
2022 年 7 月第 1 版　2022 年 7 月第 1 次印刷
ISBN 978-7-5596-6058-9
定价：149.00 元